全国职业教育园林类专业"十三

计算机辅助园林设计

章广明　阮　煜　刘永宽　主编

中国林业出版社

内容简介

本教材综合而全面地介绍了 AutoCAD、Photoshop、3ds Max 及 SketchUp 等软件的基本知识,并结合全国职业院校技能竞赛园林景观设计项目的获奖作品等设计案例,介绍了这几种软件在园林设计绘图中的应用方法和技巧。共有 AutoCAD 基本操作与园林设计应用、3ds Max 基本操作与园林设计应用、Photoshop 基本操作与园林设计应用、SketchUp 基本操作与园林设计应用、方案文本及设计展板制作 5 个模块。

本教材针对性和实用性较强,可以作为高职高专园林技术、园林工程技术、风景园林设计等专业计算机辅助设计的教材和参考书籍,也可以作为大专函授、成人教育园林、园艺等专业的教材,还可供相关风景园林、规划设计、园林绿化等从业人员阅读参考。

图书在版编目(CIP)数据

计算机辅助园林设计 / 章广明,阮煜,刘永宽主编 . —中国林业出版社,2016.12(2022.6 重印)
全国职业教育园林类专业"十三五"规划教材
ISBN 978-7-5038-8819-9

Ⅰ.①计… Ⅱ.①章… ②阮… ③刘… Ⅲ.①园林设计 – 计算机辅助设计 – 应用软件 – 职业教育 – 教材 Ⅳ.① TU986.2-39

中国版本图书馆 CIP 数据核字(2016)第 288432 号

国家林业局生态文明教材及林业高校教材建设项目

中国林业出版社·教育出版分社

策划、责任编辑:田 苗

电 话:(010)83143557 传 真:(010)83143516

出版发行 中国林业出版社(100009 北京市西城区德内大街刘海胡同 7 号)
E-mail:jiaocaipublic@163.com 电话:(010)83143500
http://lycb.forestry.gov.cn

经 销 新华书店
印 刷 北京中科印刷有限公司
版 次 2016 年 12 月第 1 版
印 次 2022 年 6 月第 4 次印刷
开 本 787mm×1092mm 1/16
印 张 18.5 彩插 24
字 数 500 千字
定 价 48.00 元

《计算机辅助园林设计》
编写人员

主　编

章广明

阮　煜

刘永宽

副主编

王卓识

郭叶莹子

编　者（按姓氏拼音顺序排列）

陈　丹　（杨凌职业技术学院）

郭叶莹子（江苏农林职业技术学院）

李　腾　（辽宁林业职业技术学院）

刘永宽　（云南林业职业技术学院）

阮　煜　（杨凌职业技术学院）

商　巍　（沈阳职业技术学院）

王卓识　（辽宁林业职业技术学院）

王　燚　（山西林业职业技术学院）

杨　静　（江苏农林职业技术学院）

杨　磊　（云南林业职业技术学院）

章广明　（江苏农林职业技术学院）

为适应高职高专园林类专业人才培养目标的要求，本教材以项目式教学为导向，内容采用项目式教学进行编排，以工作任务为中心，重点突出技能训练。本教材较全面地介绍了 AutoCAD、Photoshop、3ds Max 及 SketchUp 等软件的相关知识，并结合全国职业院校技能竞赛园林景观设计项目的获奖作品等设计实例，由浅入深地介绍了这几种软件在园林设计绘图应用中的方法和技巧，具有很强的实用性。本教材包括 AutoCAD 基本操作与园林设计应用、3ds Max 基本操作与园林设计应用、Photoshop 基本操作与园林设计应用、SketchUp 基本操作与园林设计应用、方案文本及设计展板制作 5 个模块。

本教材可以作为高职高专园林技术、园林工程技术、风景园林设计等专业的教材和参考书，也可作为大专函授、成人教育园林、风景园林、园艺等相关专业的教材，还可供相关专业从业人员阅读参考。

本教材由章广明、阮煜、刘永宽任主编，王卓识、郭叶莹子任副主编。具体编写分工如下：

章广明　　项目 1，项目 2 任务 2.2~2.3，项目 5，项目 9；

商　巍　　项目 2 任务 2.1；

郭叶莹子　任务 2.4；

王卓识　　项目 3；

王　燚　　项目 4；

李　腾　　项目 6 任务 6.1；

杨　静　　项目 6 任务 6.2~6.3；

刘永宽　　项目 7 任务 7.1；

杨　磊　　项目 7 任务 7.2；

陈　丹　　项目 7 任务 7.3~7.4；

阮　煜　　项目 8。

在编写过程中参考了国内外有关著作、论文、互联网资料，在此谨向有关作者深表谢意。因编写任务重，时间仓促，编者水平有限，不妥之处欢迎读者予以批评指正。

编　者

2016 年 5 月

目录

Contents

前言

模块 *1*　AutoCAD 基本操作与园林设计应用　　1

项目 1　认识 AutoCAD　　2
任务 1.1　了解 AutoCAD 在园林设计中的应用　　2
任务 1.2　熟悉 AutoCAD 工作界面　　3
任务 1.3　掌握 AutoCAD 基本操作　　4

项目 2　AutoCAD 绘图案例　　14
任务 2.1　绘制园桥立面图　　14
任务 2.2　绘制凉亭立面图　　17
任务 2.3　绘制某别墅花园设计方案　　23
任务 2.4　绘制容园设计方案　　38

模块 *2*　3ds Max 基本操作与园林设计应用　　51

项目 3　认识 3ds Max　　52
任务 3.1　认识 3ds Max 工作界面　　52
任务 3.2　认识 3ds Max 基本绘图面板　　62
任务 3.3　熟悉 3ds Max 修改器　　72
任务 3.4　掌握 3ds Max 材质编辑器　　80
任务 3.5　掌握 3ds Max 灯光、摄像机、渲染场景　　87

项目 4　3ds Max 园林设计绘图案例　　91
任务 4.1　绘制坐凳效果图　　91
任务 4.2　绘制景墙效果图　　100
任务 4.3　绘制园桥效果图　　109

任务 4.4　绘制花架效果图　　119

任务 4.5　绘制园亭效果图　　132

模块 3　Photoshop 基本操作与园林设计应用　155

项目 5　认识 Photoshop　156
任务 5.1　了解 Photoshop 在园林设计中的应用　156

任务 5.2　熟悉 Photoshop 工作界面　157

任务 5.3　掌握 Photoshop 基本工具　158

项目 6　Photoshop 园林设计绘图案例　163
任务 6.1　Photoshop 平面效果图绘制　163

任务 6.2　Photoshop 园林建筑小品效果图后期处理　169

任务 6.3　Photoshop 居住区公园效果图后期处理　177

模块 4　SketchUp 基本操作与园林设计应用　183

项目 7　SketchUp 基本操作　184
任务 7.1　了解 SketchUp 在园林设计中的特点　184

任务 7.2　熟悉 SketchUp 的操作界面与绘图环境　186

任务 7.3　掌握 Sketchup 的基本操作　189

任务 7.4　掌握 Sketchup 的基本工具　216

项目 8　SketchUp 园林设计图绘制案例　239
任务 8.1　SketchUp 园林建筑小品效果图绘制　239

任务 8.2　居住区荣园绘制案例　261

模块 5　方案文本及设计展板制作　279

项目 9　方案文本及设计展板制作　280
任务 9.1　园林设计展板制作　280

任务 9.2　园林设计方案文本制作　304

参考文献　310

模块 *1*

AutoCAD 基本操作与园林设计应用

项目 1
认识 AutoCAD

【知识目标】

（1）了解 AutoCAD 软件在园林设计绘图中的应用特点。

（2）熟悉 AutoCAD 工作界面。

（3）掌握 AutoCAD 的基本操作。

【技能目标】

（1）能熟练使用 AutoCAD 基本绘图工具，能绘制基本图形。

（2）能熟练使用 AutoCAD 基本修改工具，能进行基本图形的修改。

（3）能熟练操作 AutoCAD 图层、图块、对象特性等其他工具。

任务 1.1

了解 AutoCAD 在园林设计中的应用

AutoCAD 在园林规划设计中，主要用于园林总平面图、立面图、剖面图以及施工图等相关设计图的绘制。不同版本的界面不同，某些工具使用有变化，但主要功能和用法是基本相同的。利用 AutoCAD 进行园林规划设计具有十分明显的优势。

（1）绘图精确、效率高

AutoCAD 不但具有极高的绘图精度，绘图迅速也是一大优势，特别是它的复制功能非常强，帮助我们从繁重的重复劳动中脱离出来，有更多的时间来思考设计的合理性。

（2）便于设计资料的组织、存贮及调用

AutoCAD 图形文件可以存储在光盘等介质中，节省存贮费用，并且可复制多个副本，加强资料的安全性。在设计过程中，通过 AutoCAD 可快速准确地调用以前的设计资料，提高设计效率。

（3）便于设计方案的交流、修改

网络技术的发展使各地的设计师、施工技术人员可以在不同的地方通过 AutoCAD 方便地对设计进行交流、修改，大大提高了设计的合理性。

任务 1.2

熟悉 AutoCAD 工作界面

在桌面上双击【AutoCAD】图标，进入 AutoCAD 后出现图 1-1 所示的工作界面，图中标示了窗口的主要组成部件。

1.2.1 菜单栏

菜单栏提供了一种执行命令的方法。AutoCAD 的菜单主要有下拉菜单、屏幕菜单、级联菜单、上下文跟踪菜单、图标菜单，如图 1-2 所示。

下拉菜单由文件、编辑、视图、插入、格式、工具、绘图、标注、修改、窗口、帮助共 11 个一级菜单组成。只要单击菜单中的菜单项即可执行与之对应的命令。

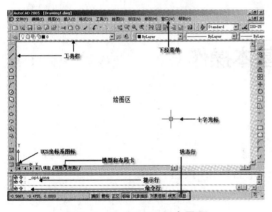

图 1-1　AutoCAD 用户界面

图 1-2　菜单种类示例

1.2.2 工具栏

绘图区左侧和上方显示的是工具栏（又称工具条），工具栏提供了命令直观的代表符号。

使用工具栏可以快速执行命令，最常用的是【绘图】【修改】【标准】【图形特性】以及【标注】5 条工具栏。用右键点击工具栏，在弹出的菜单中选择相应选项，可以打开或关闭工具栏。

1.2.3 绘图区

在该界面中，中间较大一片空白区域为绘图区，即在该区域绘制 CAD 图形。绘图区域实际上无限大，可以通过鼠标轮进行绘图区的平移和缩放。正因为绘图区无限大，我们可以使用 1∶1 的比例绘图，即：1 米长的线可绘制为 1000 单位长度，省去了比例换算的过程。这就是我们常说的 1∶1 绘图原则。

1.2.4 命令行和文本窗

提示行和命令行显示输入的命令、命令的提示信息以及 AutoCAD 的反馈信息。提示行和命令行的显示行数可以设定，推荐使用 3 行。

文本窗口是一个用文字来记录绘图过程的工具。F2 快捷键可以实现文本窗口的开启和关闭。

1.2.5 状态栏

状态栏（又称状态行）左边显示了光标的当前信息，当光标在绘图区时显示其坐标，当光标在工具栏或菜单上时显示其功能及命令。状态行右侧显示了各种辅助绘图状态。单击鼠标左键可对状态值进行有效 / 无效设置，按键凸起表示无效，按键凹陷表示有效。单击鼠标右键，将弹出相应的设置菜单。

掌握 AutoCAD 基本操作

1.3.1 绘图工具

（1）绘制直线

命令：LINE（简写：L）；菜单：【绘图】→【直线】；按钮： 。

主要参数含义：

- 指定第一点：定义直线的第一点。
- 指定下一点：输入绘制直线的下一个端点。
- 放弃（U）：放弃刚刚绘制的直线。
- 闭合（C）：封闭直线段，使之首尾连成封闭的多边形。

（2）绘制圆

命令：CIRCLE（简写：C）；菜单：【绘图】→【圆】；按钮： 。

根据已知条件不同，有 6 种方式绘制圆。

主要参数含义：

- 两点（2P）：通过圆直径上的两个端点绘制圆。
- 三点（3P）：通过圆周上的三点绘制圆。
- 相切、相切、半径（T）：绘制指定半径并和两个对象相切的圆。
- 相切、相切、相切（TTT）：绘制和 3 个对象相切的圆。

（3）绘制矩形

已知矩形的两对角点坐标即可绘制一矩形。

命令：RECTANGLE（简写：REC）；菜单：【绘图】→【矩形】；按钮： 。

主要参数含义：

- 倒角（C）：绘制带倒角的矩形。
- 圆角（F）：绘制带圆角的矩形。
- 宽度（W）：定义矩形的线宽。

（4）绘制正多边形

绘制正多边形有两种方法：一是已知正多边形的边数和内切或外接圆半径；二是已知边数和一条边长度。如图 1-3 所示。

  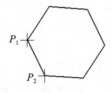

图 1-3 绘制正多边形

命令：POLYGON；菜单：【绘图】→【多边形】；按钮：⬡。

主要参数含义：

- 边（E）：采用输入其中一条边的方式产生正多边形。
- 内接于圆（I）：通过输入正多边形外接圆半径的方式绘制正多边形。
- 外切于圆（C）：通过输入正多边形内切圆半径的方式绘制正多边形。

（5）绘制多段线

多段线是由一系列具有宽度性质的直线段或圆弧段组成的对象，它与使用 LINE 命令绘制的彼此独立的线段明显不同。园林图中常用多段线绘制平面图的建筑轮廓线、剖断面图中的剖切边线、立面图中的地面和山石轮廓等粗线。

命令：PLINE（简写：PL）；菜单：【绘图】→【多段线】；按钮：⤵。

主要参数含义：

- 宽度：指定下一条直线段的宽度。
- 圆弧：将弧线段添加到多段线中。选择此参数，进入圆弧绘制状态。

（6）多线绘制

命令：MLINE（简写：ML）；菜单：【绘图】→【多线】。

主要参数含义：

- 对正（J）：设置多线的基准对正位置。
- 上（T）：光标对齐多线最上方（偏移值最大）的平行线。
- 无（Z）：光标对齐多线的 0 偏移位置。
- 下（B）：光标对齐多线最下方（偏移值最小）的平行线。
- 比例（S）：指定多线的绘制比例，此比例控制平行线间距大小。
- 样式（ST）：通过输入名称，选用已定义的多线样式。

（7）绘制样条曲线

园林设计中有许多自由曲线，可以用样条曲线命令绘制。

命令：SPLINE；菜单：【绘图】→【样条曲线】；按钮：〜。

主要参数含义：

- 起点切向：定义起点处的切线方向。
- 端点切向：定义终点处的切线方向。

（8）绘制修订云线

园林设计中需要用绘制修订云线表现灌木丛。

菜单：【绘图】→【修订云线】；按钮：。

主要参数含义：

- 弧长：定义云线的弧长。
- 对象：选择已绘制好的云线，确定是否反转。

（9）绘制点和点样式设置

命令：POINT（简写：PO）；菜单：【绘图】→【点】；按钮：·。

点的外观形式和大小可以通过点样式来控制。点样式设置方法如下：

菜单：格式→点样式。

运行命令后弹出如图1-4所示的【点样式】对话框。

可以选取点的外观形式，并设置点的显示大小，可以相对于屏幕设置点的尺寸，也可以用绝对单位设置点的尺寸。设置完成后，图形内的点对象就会以新的设定来显示。

（10）图块的创建

命令：BLOCK（简写：B）；菜单：【绘图】→【块】→【创建】；按钮：。

执行创建块命令后，弹出图1-5所示【块定义】对话框。在该对话框中，可以对块的名称、基点、组成块的图形等参数进行设定。

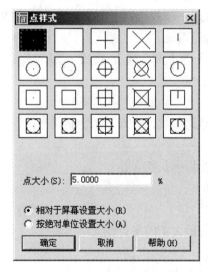

图1-4 【点样式】对话框

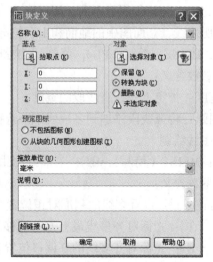

图1-5 【块定义】对话框

（11）图块的插入

创建了图块，就可以用INSERT命令将图块插入到图形中。

命令：INSERT（简写：I）；菜单：【插入】→【块】；按钮：。

执行该命令后，将弹出如图1-6所示的【插入】对话框。

图 1-6　【插入】对话框

（12）图块的分解

命令：EXPLODE（简写：X）；菜单：【修改】→【分解】；按钮：。

执行该命令后将提示要求选择分解的对象，选择某块后，将该块分解。分解带有属性的块时，其中原属性定义的值都将失去，属性定义重新显示为属性标记。

（13）图案填充

命令：BHATCH（简写：H）；菜单：【绘图】→【图案填充】；按钮：。

执行 BHATCH 命令后弹出如图 1-7（左）所示【边界图案填充】对话框。

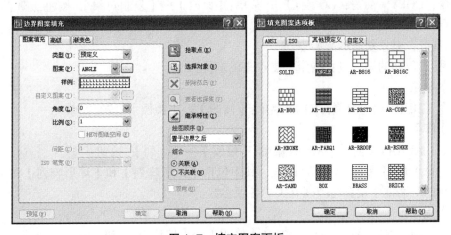

图 1-7　填充图案面板

在该对话框中，包含了【图案填充】【高级】【渐变色】3 个选项卡。

主要参数含义：

• 类型：选用填充图案类型。包括【预定义】【用户定义】【自定义】三大类。

• 图案：显示当前选用图案的名称。点击此栏则列出可用的图案名称列表，可以通过名称选择填充图案。

• 样例：显示选择的图案样例。点取图案样例，会弹出【填充图案选项板】对话框。可在此选择的图案样例。

• 角度：设置填充图案的旋转角度。

- 比例：设置填充图案的大小比例。
- 拾取点：通过拾取点的方式来自动产生一条围绕该拾取点的边界。此项要求拾取点的周围边界无缺口，否则将不能产生正确边界。
- 选择对象：通过选择对象的方式来选择一条围合的填充边界。如果选取边界对象有缺口，则在缺口部分填充的图案会出现线段丢失。

1.3.2　修改工具

（1）移动

命令：MOVE（简写：M）；菜单：【修改】→【移动】；按钮：＋。

主要参数含义：

- 基点：指移动的起始点。
- 指定位移的第二点：指对象移动的目标点。

（2）旋转

命令：ROTATE（简写：RO）；菜单：【修改】→【旋转】；按钮：○。

主要参数含义：

- 指定基点：指定对象旋转的中心点。
- 指定参考角＜0＞：如果采用参照方式，可指定旋转的起始角度。
- 指定新角度：指定旋转的目标角度。

（3）复制

命令：COPY（简写：CO 或 CP）；菜单：【修改】→【复制对象】；按钮：%。

主要参数含义：

- 基点：对象复制的起始点。
- 指定位移的第二点：指定第二点来确定位移。

（4）镜像

命令：MIRROR（简写：MI）；菜单：【修改】→【镜像】；按钮：◢◣。

（5）阵列

命令：ARRAY（简写：AR）；菜单：【修改】→【阵列】；按钮：⊞。

执行命令后出现【阵列】对话框，其中包括【矩形阵列】和【环形阵列】两个选项，可在各自的对话框中设置与阵列有关的各项参数。

（6）偏移

命令：OFFSET（简写：O）；菜单：【修改】→【偏移】；按钮：⊆。

主要参数含义：

- 指定偏移距离：该距离可以通过键盘键入，也可以通过点取两个点定义。
- 通过（T）：指定偏移的对象将通过随后选取的点。
- 指定点以确定偏移所在一侧：指定点来确定往哪个方向偏移。

（7）比例缩放

命令：SCALE（简写：SC）；菜单：【修改】→【缩放】；按钮：□。

主要参数含义：

- 指定基点：指定缩放的基准点。
- 指定比例因子：比例因子 >1，放大对象；比例因子大于 0 小于 1，则缩小对象。

- 参照（R）：按指定的新长度和参考长度的比值缩放所选对象。

（8）拉伸

命令：STRETCH（简写：S）；菜单：【修改】→【拉伸】；按钮：▯。

主要参数含义：

- 选择对象：用交叉窗口选择要拉伸对象的端点（或特征点）。
- 指定基点：指定拉伸起始点。
- 指定位移的第二点：指定拉伸目标点。

（9）延伸

命令：EXTEND（简写：EX）；菜单：【修改】→【延伸】；按钮：--/。

主要参数含义：

- 选择对象：选择作为延伸边界的对象。
- 选择要延伸的对象：选择欲延伸的对象。

（10）修剪

命令：TRIM（简写：TR）；菜单：【修改】→【修剪】；按钮：-/-。

主要参数含义：

- 选择对象：选择作为剪切边界的对象。
- 选择要修剪的对象：选择欲修剪的对象。

（11）倒角

命令：CHAMFER（简写：CHA）；菜单：【修改】→【倒角】；按钮：╱。

主要参数含义：

- 距离（D）：设置选定边的倒角距离，两个倒角距离可以相等，也可以不等。
- 多段线（P）：对多段线每个顶点处的相交直线段做倒角处理。
- 角度（A）：通过第一条线的倒角距离和第一条线的倒角角度来形成倒角。

（12）圆角

命令：FILLET（简写：F）；菜单：【修改】→【圆角】；按钮：╱。

主要参数含义：

- 半径（R）：设定圆角半径。

1.3.3 坐标的输入

当用 AutoCAD 进行绘图时，系统经常提示输入点的坐标。坐标的输入可以采用以下几种方法：在键盘上键入坐标；用鼠标直接在屏幕上点取；在已有的几何图形上用目标捕捉方式来选取点。

点坐标的常用表示方法有以下几种：

（1）绝对直角坐标

以小数、分数等方式，输入点的 X、Y、Z 轴坐标值，并用逗号分开的形式表示点坐标，如（20，10，9）。在二维图形中，Z 坐标可以省略，如（20，10）指点的坐标为（20，10，0），如图 1-8（a）所示。

（2）绝对极坐标

通过输入点到当前 UCS 原点距离，及该点与原点连线和 X 轴夹角来指定点的位置，距离与角度之间用 < 符号分隔。如 35<30，如图 1-8（b）所示。

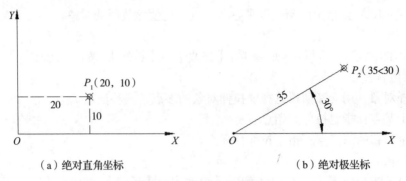

（a）绝对直角坐标　　　　　　　　　　（b）绝对极坐标

图1-8　绝对坐标图例

（3）相对直角坐标

绝对坐标是相对于世界坐标系原点的。若要输入相对于上一次输入点的坐标值，只需在点坐标前加上 @ 符号即可。如图1-9（a），点 P_3 相对于 P_1，其坐标可表示为 @20，20。

（4）相对极坐标

在绝对极坐标前加 @ 即表示相对极坐标。如图1-9（b），点 P_4 相对于 P_2，其坐标可表示为 @20<60。

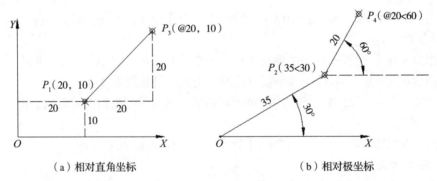

（a）相对直角坐标　　　　　　　　　　（b）相对极坐标

图1-9　相对坐标图例

1.3.4　辅助绘图工具

在绘制和编辑图形时，总要在屏幕上指定一些点。最快的定点方法是通过光标直接拾取，但是此方法精度很低；用输入坐标的方法定点有很高的精度，但过程很麻烦。为了既精确又快速地定点，AutoCAD 提供了正交、捕捉、栅格等几种辅助绘图工具，用来控制光标的移动，有助于在快速绘图的同时，保证绘图精度。

（1）正交模式

在绘制水平和垂直直线时，为减少绘图误差，可打开正交模式，约束光标在水平或垂直方向上移动。

按钮：状态栏 捕捉 栅格 正交 极轴 对象捕捉 对象追踪 线宽 模型 ；快捷键：<F8>。

此模式可在其他命令运行过程中切换。

（2）对象捕捉模式

一次性捕捉方式在每次进行对象捕捉前，需要先选取菜单或工具，比较麻烦。在进行连续、大量的对象特征点捕捉时，常使用对象捕捉模式，它可以先设置一些特征点名称，然后在绘图过程中可以连续地进行捕捉。

要使用对象捕捉模式，必须先对其进行设置。

右击状态栏中的【对象捕捉】按钮，从快捷菜单中选择【设置】，打开【草图设置】对话框中的【对象捕捉】选项卡，如图 1-10 所示。

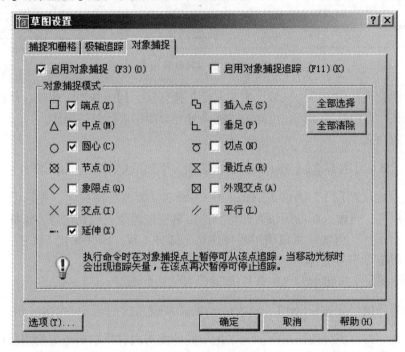

图 1-10　对象捕捉面板

1.3.5　图层管理

图层是 AutoCAD 里一个非常重要的概念，每一层如同一张"透明纸"，可将图形绘制在不同的"透明纸"上。

在绘制较为复杂的图形时，使用图层可以使绘图工作条理清晰，并且便于以后的修改编辑。可以控制图层显示或者不显示，这样便于简化绘图过程。

AutoCAD 提供了一个缺省图层：0 层。如果用户打开 AutoCAD 绘图后不建立自己的图层，所绘制的图形对象都在 0 层上，0 层不能被删除。用户可以新建图层，可以对图层进行管理，可以给图层设定颜色和线型。生成图层和管理图层用 Layer（图层）命令。

图层的操作基本都可在图层特性管理器里完成。在该对话框里可以生成新图层、设定当前层、管理图层（打开／关闭、冻结／解冻、锁定／解锁、改名、删除）以及给图层设定颜色和线型等。

要打开图层特性管理器，可以点击 ▨ ♀○○□ 0 ▼ ≋ ≋ 按钮来调用，随后弹出图层特性管理器图 1-11 所示。

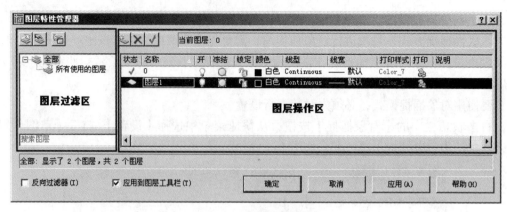

图 1-11　图层特性管理器

图层特性管理器包含两个区域，右边是图层操作区，用于新建、删除、修改列出图层的状态等操作；左边是过滤区，可制定过滤条件并对图层进行分组操作。

主要参数含义：

• 【新建图层】按钮（Alt+N）：单击按钮。下面的层列表里面将增加一个新层，新增加的图层自动按图层 1、图层 2、图层 3……命名。要改变图层名，先选中该图层并单击原来的图层名，再输入新的图层名即可。图层名应该清楚表明其内容，这样将来在编辑管理时会一目了然。例如，可以使用园林建筑、园林工程、园林绿化、文字、尺寸标注、路中线、地形图等作为层名。

• 【删除图层】按钮（Alt+D）：删除没有使用的图层。

• 【置为当前层】按钮（Alt+C）：当前图层就是目前活动的图层，用户绘制的图形、输入的文字都在当前图层里面。为了把不同的图形内容绘制到相应的图层里面，需要经常改变当前图层。把一个图层设为当前图层，有以下几种方法：

——在图层特性管理器中选中一个图层，然后单击 按钮。

——在图层特性管理器中双击该图层。

——在图层工具条上的图层列表框中（图 1-12）选中要设为当前层的图层。

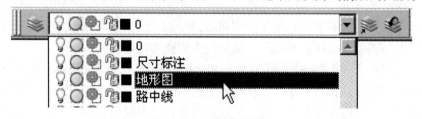

图 1-12　图层列表框

1.3.6　测量距离与面积

（1）测量距离

命令：DIST（简写：DI）；菜单：【工具】→【查询】→【距离】；按钮：。

主要参数含义：
- 指定第一点：指定距离测定的起始点。
- 指定第二点：指定距离测定的结束点。

（2）测量面积

命令：AREA（简写：AA）；菜单：【工具】→【查询】→【面积】；按钮：。

主要参数含义：

- 第一个角点：指定欲计算面积的多边形区域的第一个角点，随后指定其他角点，回车后结束角点输入，自动封闭指定的角点并计算面积和周长。
- 对象（O）：选择一对象来计算其面积和周长。如果对象不是封闭的，系统则会自动封闭该对象再测量其面积。
- 加（A）：进入相加模式，在测量结果中加上对象或围出的区域面积和周长。
- 减（S）：进入相减模式，在测量结果中减去对象或围出的区域面积和周长。

项目2
AutoCAD 绘图案例

【知识目标】

通过典型实例的操作训练，掌握 AutoCAD 绘制园林平面图、立面图、施工图等园林图纸的具体步骤和操作方法。

【技能目标】

（1）能绘制 AutoCAD 园桥立面图，能绘制一般园林小品施工图。

（2）能绘制 AutoCAD 凉亭立面图，能绘制一般园林建筑施工图。

（3）能绘制 AutoCAD 花园平面图，能绘制园林总平面。

任务 2.1

绘制园桥立面图

（1）设置绘图单位

打开下拉菜单→【格式】→【单位】，系统弹出【图形单位】对话框，将"长度"栏中的精度值由 0.0000 改为 0，单击"确定"，结束绘图单位设置，如图 2-1 所示。

（2）设置绘图范围

重新设置模型空间界限。打开下拉菜单→【格式】→【图形界限】，指定左下角点或 [开（ON）/ 关（OFF）] ＜ 0，0 ＞：（回车）；指定右上角点 ＜ 420，297 ＞：4000，2400（回车）。

（3）全图显示

单击标准工具栏的"窗口缩放"工具右下方的省略按钮，选择【全部缩放】按钮，直接执行 zoom all 命令。屏幕显示设置的绘图区域范围。

（4）建立图层

点击特性工具条中的【图层】命令按钮，系统弹出【图层特性管理器】对话框，建立扶手、栏杆、支柱、池岸、水面、标注、文字说明、图框等层，在绘图中如果有其他需要，还可以再添加新的图层。图层的颜色设置参照如图 2-2 所示。

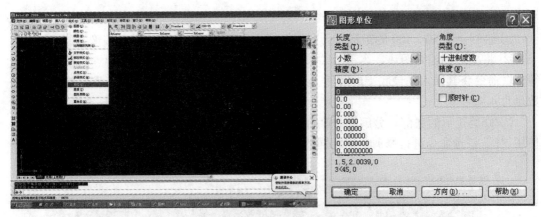

图 2-1   绘图单位设置

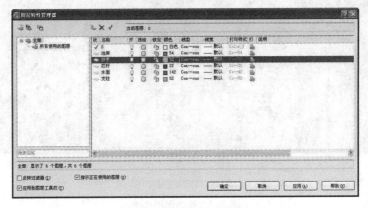

图 2-2   图层特性管理器

（5）绘制园桥桥身

① 在空白处绘制一条长度为 3500 的直线作为地平面。绘制一个 2300×245 的矩形以确定园桥主体的弧度。

② 以矩形来确定起点、端点和所经过的第二个点，绘制一条圆弧。

③ 删除矩形，将圆弧向上偏移 50，连接两条圆弧的端点，如图 2-3 所示。

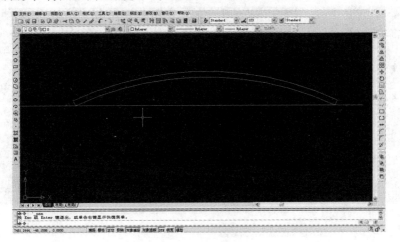

图 2-3   绘制园桥桥身

（6）绘制园桥栏杆

① 绘制一个 50×400 的矩形作为园桥栏杆，移动至相应位置，并且镜像复制。

② 将栏杆创建为图块，名称为"园桥栏杆"，插入点为矩形的下端中点。使用"定点等分"命令将其插入到最底端的圆弧上。图块不对齐圆弧，即保持垂直不发生旋转。等分数量为 4。

③ 修剪矩形的底部。分解 5 个栏杆图块，以其中一条圆弧和圆弧的连接线为修剪边，使用"F"栏选命令进行修剪，以相同的方法继续修剪栏杆，如图 2-4 所示。

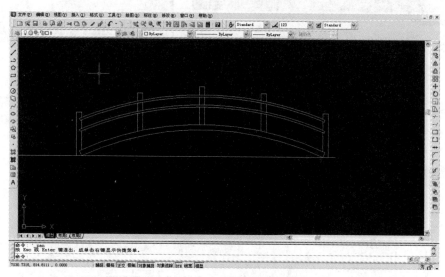

图 2-4　绘制园桥扶手

（7）绘制栏杆支柱

绘制一个 20×100 的矩形，将其定义为"栏杆支柱"的图块。使用"定数等分"命令将其插入到圆弧上。图块不对齐圆弧，等分数量为 30。结果如图 2-5 所示。

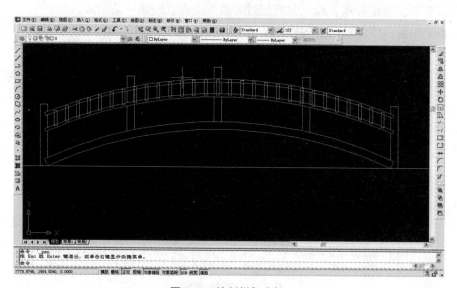

图 2-5　绘制栏杆支柱

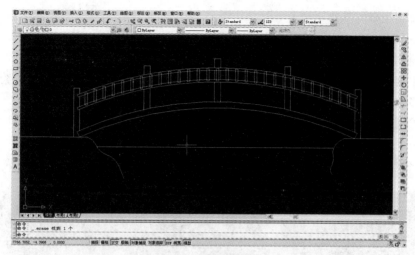

图 2-6　绘制池岸

（8）绘制池岸

绘制两条样条曲线作为池岸。剪切样条曲线之间的直线，如图 2-6 所示。

（9）绘制水面

绘制一条直线，向下偏移两次，偏移距离均为 15。对偏移得到的两条直线进行夹点编辑，结果如图 2-7 所示。

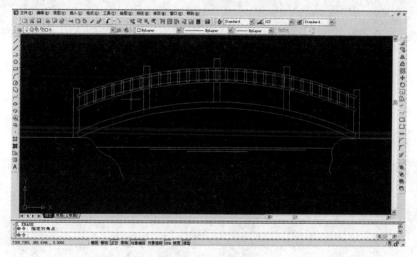

图 2-7　绘制水面

任务 2.2

绘制凉亭立面图

绘图单位、绘图范围设置、全图显示及建立图层请参考"任务 2.1 绘制园桥立面图"，本书不再重复。

（1）绘制凉亭的基座

绘制一个 2500×450 的矩形作为凉亭的基座。

（2）绘制凉亭的柱子

以刚才绘制的矩形左端点为起点，绘制一个 180×2000 的矩形。将第二个绘制的矩形水平向右移动 100 的距离，如图 2-8 所示。

（3）绘制坐凳

绘制一个 1930×830 的矩形，将矩形垂直向上移动 450，如图 2-9 所示。

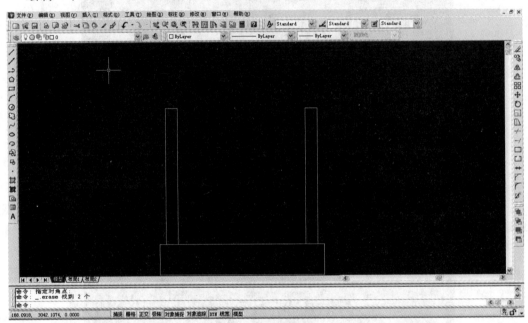

图 2-8　绘制凉亭的柱子

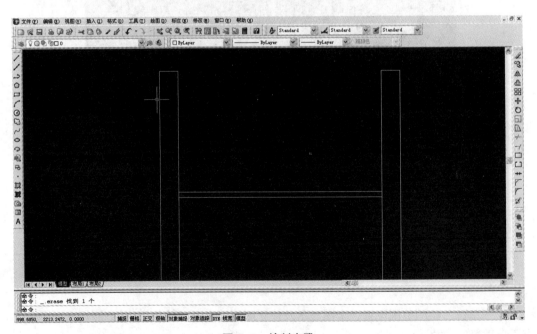

图 2-9　绘制坐凳

（4）绘制坐凳靠背

① 绘制一个 2200×50 的矩形，移动到如图 2-10 所示的位置。垂直向上移动 350。

② 修剪柱子被坐凳靠背遮挡的线条。绘制一个 30×30 的矩形作为靠背与柱子的连接部分。移动矩形到靠背的左中点。将矩形水平向右移动 50，镜像复制矩形。

③ 绘制一个 40×350 的矩形，水平向右移动 10，镜像复制，如图 2-11 所示。

（5）绘制靠背的横木条

绘制一个 1840×25 的矩形，向上移动 70。垂直向上以 160 的距离复制一个，如图 2-12 所示。

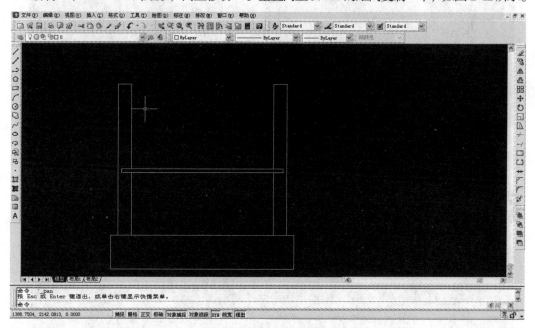

图 2-10　绘制坐凳靠背

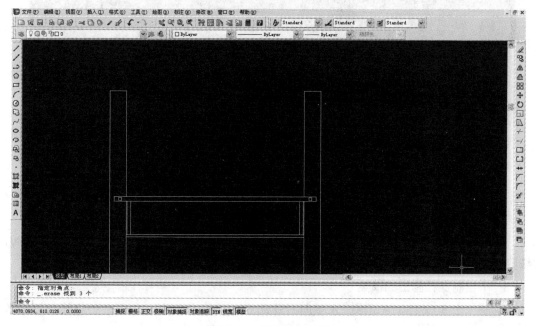

图 2-11　镜像复制矩形

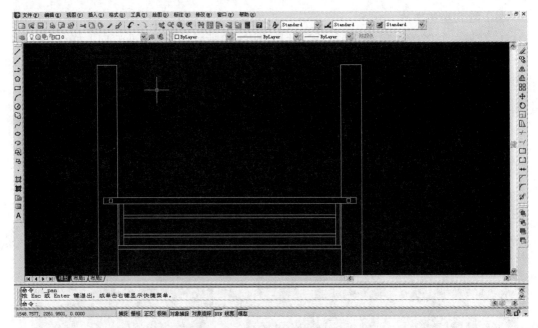

图 2-12　绘制靠背的横木条

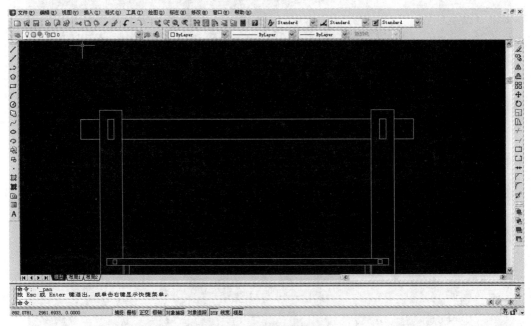

图 2-13　绘制凉亭的横梁

（6）绘制凉亭的横梁

绘制一个 2600×150 的矩形，捕捉其中心点到如图 2-13 所示的位置。向上移动 900，修剪被柱子遮挡的横梁线条。

（7）绘制穿插露出的横梁

绘制一个 50×150 的矩形，水平向右移动 65，并镜像复制，绘制一条直线，以定数等分插入图块的方法，插入靠背上的 20 个小木条，如图 2-14 所示。

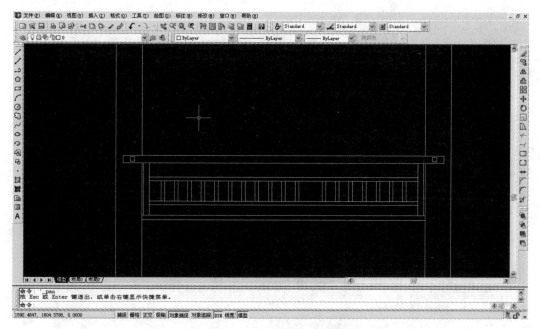

图 2-14　绘制穿插露出的横梁

（8）绘制凉亭的顶

绘制一个 3300×700 的矩形，垂直向上移动 70，并对矩形进行夹点编辑，左上端水平向右移动 1000，右上端点水平向左移动 1000，如图 2-15 所示。

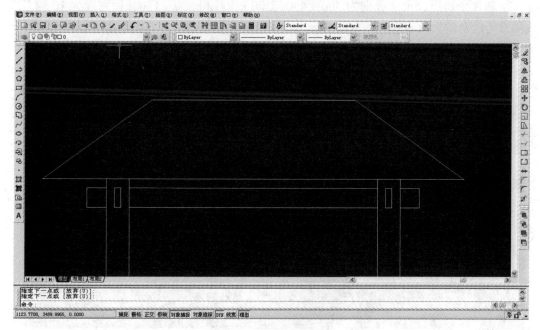

图 2-15　绘制凉亭的顶

（9）绘制顶上的梁

① 绘制一个 1800×100 的矩形，绘制一个 50×100 的矩形作为木梁的横截面，移动到相应的位置，并镜像复制。

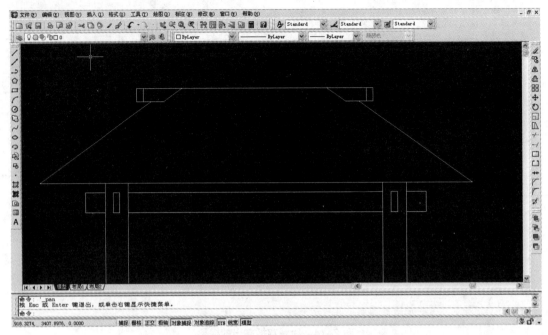

图 2-16　绘制顶上的梁

②绘制一条直线。将直线水平向右移动 100，修剪多余的线条，如图 2-16 所示。

（10）绘制凉亭的台阶

绘制 3 个矩形，尺寸分别为 300×450、300×300 和 300×150，用宽度为 10 的多段线随意勾绘台阶，以表现自然石块的凹凸不平，镜像复制台阶，如图 2-17 所示。

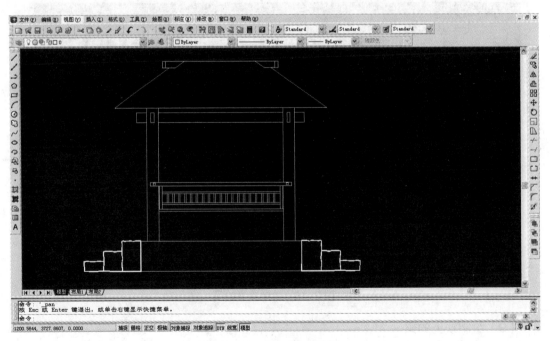

图 2-17　绘制凉亭的台阶

任务2.3

绘制某别墅花园设计方案

（1）绘制围墙

绘制时首先绘制围墙以确定大致的设计范围。此案例的外围比较规则，围墙也比较简单。新建一个文件，绘制围墙，具体步骤如下：

① 新建一个"acadiso.dwt"的图形样板。绘图单位、绘图范围设置及全图显示请参考"任务 2.1 绘制园桥立面图"，这里不再重复。

② 新建一个名为"围墙"的图层，图层的颜色为白色。将其设置为当前图层。

③ 绘制围墙。执行【绘图】→【多段线】命令，绘制如图 2-18 所示的一条多段线（标注尺寸是为了更为方便地绘制多段线）。

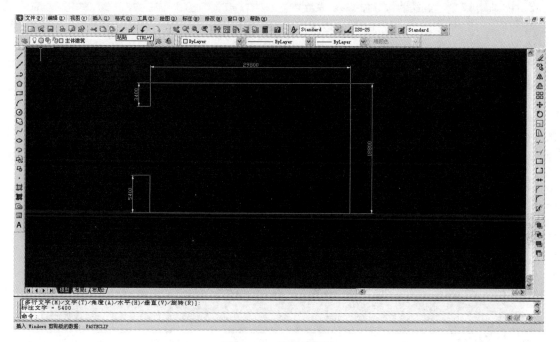

图 2-18　绘制多段线

④ 将多段线向内外各偏移 100。

⑤ 执行【修剪】→【分解】命令，将绘制的第一条多段线分解为 5 条独立的直线。

⑥ 绘制墙柱。执行【绘图】→【矩形】命令，绘制一个 300×300 的矩形，使用"直线"连接其对角线。将墙柱定义成名为"墙柱"的图块，插入点为对角线的交点，

⑦ 执行【绘图】→【点】→【定数等分】命令，将"墙柱"图块插入围墙。右侧的垂直直线等分为 5 份，水平直线等分为 8 份，如图 2-19 所示。

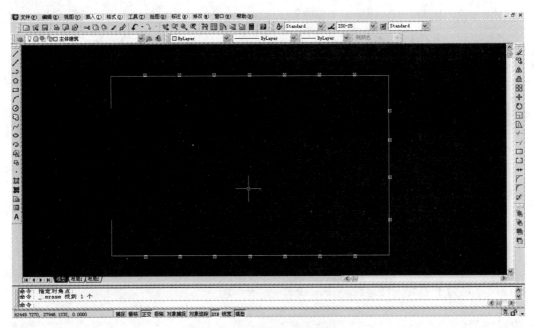

图 2-19 "墙柱"插入围墙

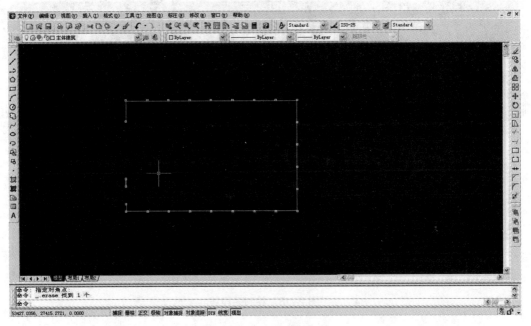

图 2-20 绘制围墙结果

⑧ 将"墙柱"图块复制到围墙的 4 个角上。

⑨ 将下方水平直线向上偏移两次，偏移距离为 1130 和 3300。延伸偏移后的直线，修剪围墙，作为入口正门。复制"墙柱"图块到入口正门两侧，删除多余的直线。如图 2-20 所示。

（2）绘制主体建筑

① 新建一个名为"主体建筑"的图层，图层的颜色为 2 号黄色。将其置为当前图层。

② 绘制主体建筑。执行【绘图】→【多段线】命令，绘制如图 2-21 所示的一条多

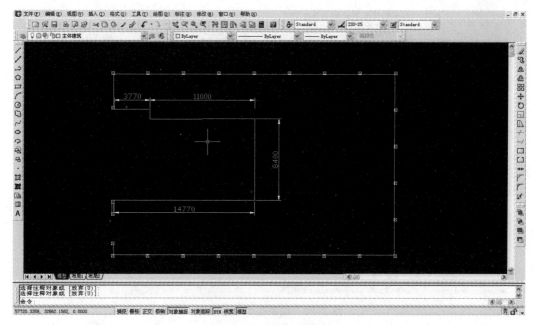

图 2-21　绘制主体建筑

段线。

（3）绘制花架

① 新建一个名为"花架"的图层，图层颜色为 32 号棕色。将其置为当前图层。

② 在绘图区空白处绘制花架。执行【绘图】→【矩形】命令，绘制一个 100×1500 的矩形。将矩形沿水平方向阵列 20 个，列间距为 200。

③ 绘制横梁。绘制一个 4300×150 的矩形。以相对坐标"@-200，350"移动矩形，以 650 的距离向上复制横梁，如图 2-22 所示。

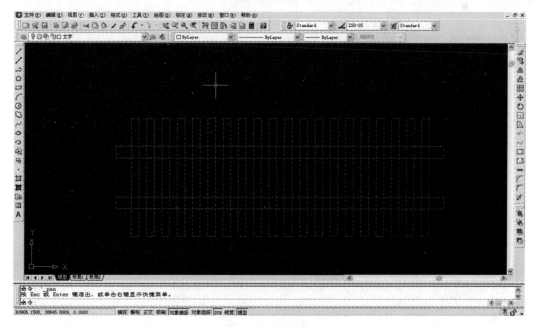

图 2-22　绘制花架

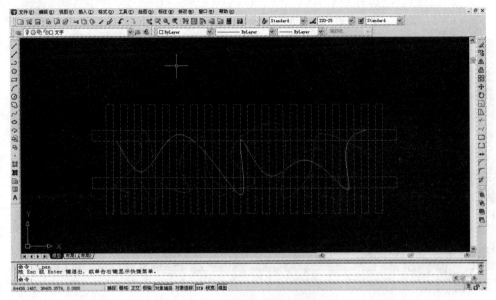

图 2-23 绘制花架藤蔓植物

④ 绘制藤蔓植物。执行【绘图】→【样条曲线】命令，随意绘制 3 条曲线。将它们的颜色分别改为红、黄和 190 号紫色，如图 2-23 所示：

（4）绘制水池

① 新建一个名为"水池"的图层，图层的颜色为白色。将其置为当前图层。

② 绘制最上方的第一层水池。绘制一个 1200×1200 的矩形，移动到右侧围墙的中点，将矩形向内偏移 100。

③ 在水池左右两侧的中点位置绘制两条直线。以 50 的距离将左侧直线向上，向下各偏移一次，以 250 的距离将右侧直线做同样的偏移。

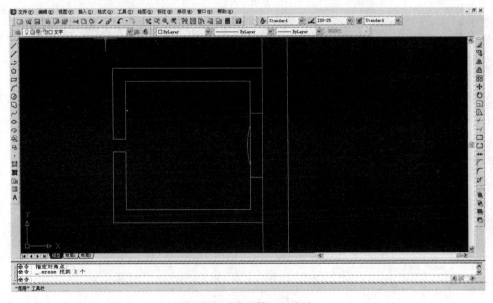

图 2-24 绘制第一层水池

④ 绘制壁泉出水口。执行【绘图】→【圆弧】→【起点、端点、角度】命令，以图 2-24 所示端点处为起点。输入相对坐标"@ 0，300"，按下空格键，指定为端点，输入包含角为"-35"，按下空格键。

⑤ 将圆弧垂直向上移动 100，修剪出水口，如图 2-24 所示。

⑥ 绘制第二层水池。绘制一个 1700×1700 的矩形，移动到右侧围墙的中点。将矩形向内偏移 100，修剪水池多余线条。打开出水口，出水口的宽度为 300。如图 2-25 所示。

⑦ 绘制第三层大水池。绘制一个 2700×2700 的矩形，移动到右侧围墙的中点。将矩形向内偏移 100，以矩形中点为起点，沿水平负方向绘制一条长度为 5000 的直线。如图 2-26 所示。

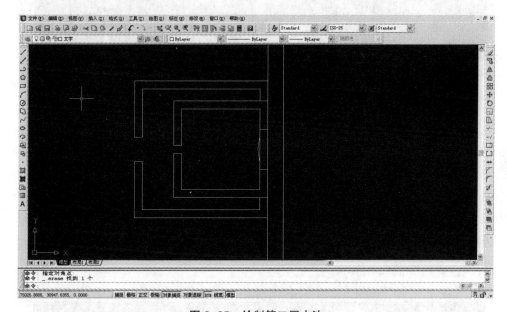

图 2-25　绘制第二层水池

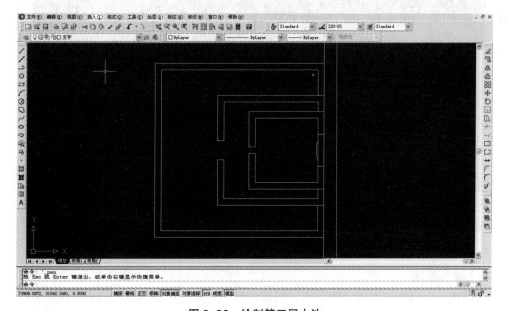

图 2-26　绘制第三层水池

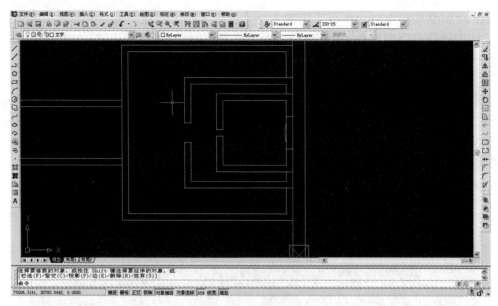

图 2-27　绘制水渠

⑧ 绘制水渠。将直线向上偏移两次，偏移的距离分别为 400 和 500。以相同的距离将直线向下偏移两次，如图 2-27 所示。

⑨ 绘制喷水池。执行【绘图】→【正多边形】命令，绘制一个内接圆半径为 1850 的六边形。将六边形旋转 30°。移动六边形到如图所示的位置。将六边形向内偏移 100。对水池进行修剪，删除多余的线条，结果如图 2-28 所示。

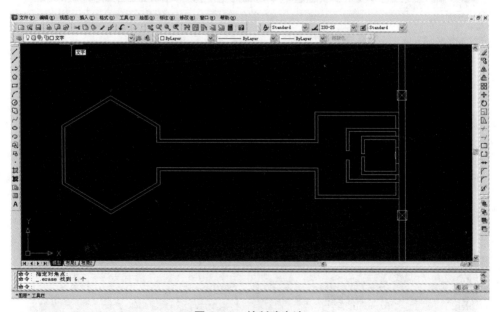

图 2-28　绘制喷水池

（5）绘制水体

① 新建一个名为"水体"的图层，图层的颜色为蓝色。将其置为当前图层。

② 绘制流水。执行【绘图】→【样条曲线】命令，随意绘制几条曲线表示流水。

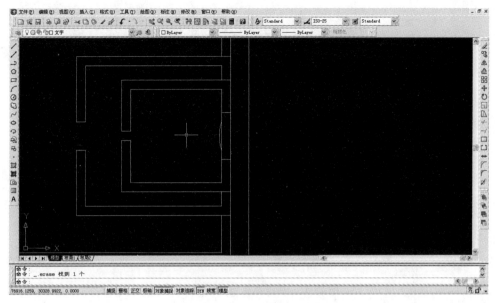

图 2-29　绘制涟漪（1）

③ 绘制涟漪。以第一层水池右侧的中心为圆心绘制两个圆形，半径分别为 145 和 200。

④ 为修剪两个圆形绘制辅助线，绘制一条直线。以圆心为中点将直线环形阵列。修剪两个圆形，删除辅助线。将修剪后的两个圆形沿水平方向复制到如图 2-29 所示位置。

⑤ 在六边形水池中，以六边形的中心点为圆心绘制 4 个同心圆，半径分别为 55、200、350 和 500。绘制一条直线作为辅助线。以圆心为中点阵列辅助线。修剪圆形，删除辅助线。

⑥ 为了使填充的水面避开涟漪，绘制一些圆形和半圆形的辅助线，如图 2-30 所示。

⑦ 新建一个名为"植物"的图层，图层的颜色为绿色。将其置为当前图层。

⑧ 绘制一些水生植物。

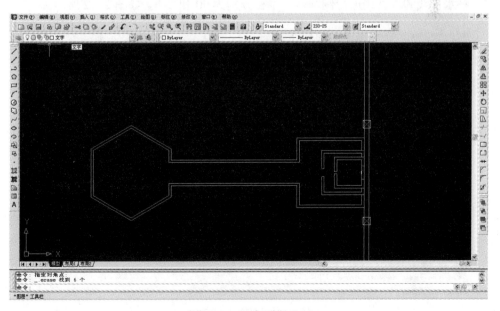

图 2-30　绘制涟漪（2）

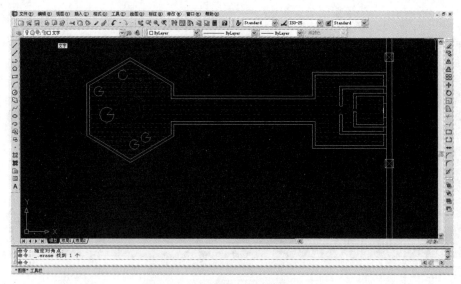

图 2-31　绘制水生植物及填充水体

⑨ 将"水体"图层置为当前。以"拾取点"的方式进行图案填充，删除辅助线，填充结果如图 2-31 所示。

（6）绘制入口道路

① 新建一个名为"道路"的图层，图层的颜色为白色。将其置为当前图层。

② 在入口处绘制一条直线。将直线向下偏移 4 次，偏移后直线之间的距离为 1300、150、2900 和 150。

③ 绘制一条直线作为入口道路与内部花园的分界线，绘制一条直线作为入户大门的门口线，便于将来填充图案。

④ 将分界线水平向左偏移 4 次，偏移后直线之间的距离为 8550、150、2400 和 150，修剪直线。

⑤ 将水平线和垂直线进行倒圆角，半径分别为 90 和 240。如图 2-32 所示。

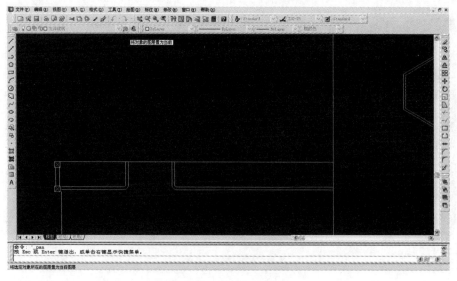

图 2-32　绘制入口道路

（7）绘制水池两侧的道路

① 以六边形水池的上下两个顶点为起点，绘制两条直线。将水池边线向上、向下各偏移 1500，延伸偏移后的直线。将六边形水池边线向上、向下各偏移 1500，连接直线。执行【修改】→【圆角】命令，设置半径为 0，选择需要连接的直线，结果如图 2-33 所示。

② 直线所围合的区域为草坪，将直线向内偏移 100 作为路径，再次以 0 半径倒圆角的方式快速连接直线，如图 2-34 所示。

③ 绘制台阶。在如图所示的位置绘制一条直线，将直线水平向右偏移 3 次，偏移距离为 300，对台阶进行延伸和修剪。以水池中心为镜像线，将台阶线条镜像复制，如图 2-35 所示。

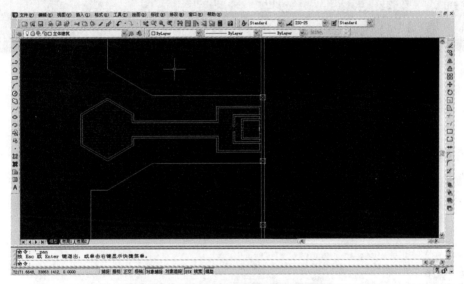

图 2-33　绘制水池两侧的道路的边界线

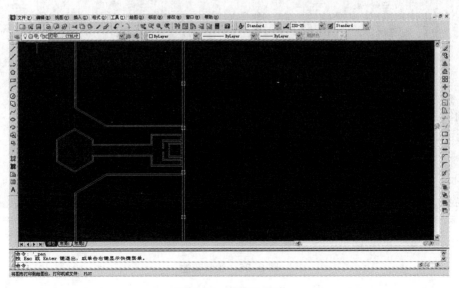

图 2-34　偏移边界线

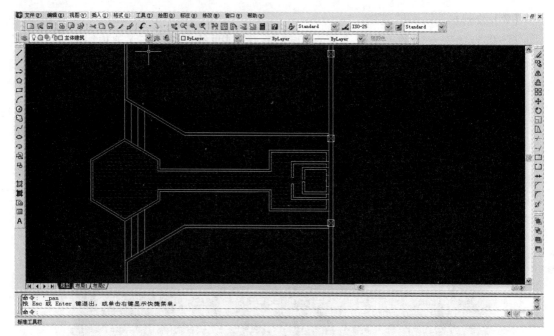

图 2-35　绘制台阶

④ 绘制花池。以图 2-36 所示的位置为起点，水平向左绘制一条长度为 1000 的直线，再垂直向上绘制直线，直线与围墙相交。将直线向内偏移 100，并修剪。以水池中心为镜像线，将花池镜像复制，如图 2-36 所示。

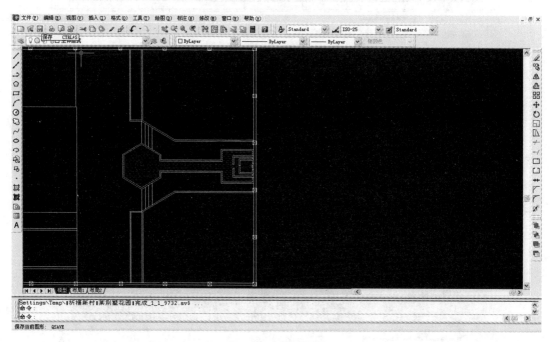

图 2-36　绘制花池

（8）绘制石板小径

① 绘制台阶。在图 2-36 所示的位置绘制一条直线。将直线水平向左偏移 3 次，偏移的距离均为 300。如图 2-37 所示。

② 绘制台阶两侧的花池。绘制一个 900×1375 的矩形，并向内偏移 100。将矩形偏移到图 2-38 所示的位置。以台阶中点为镜像线，镜像复制花池，修剪线条。如图 2-38 所示。

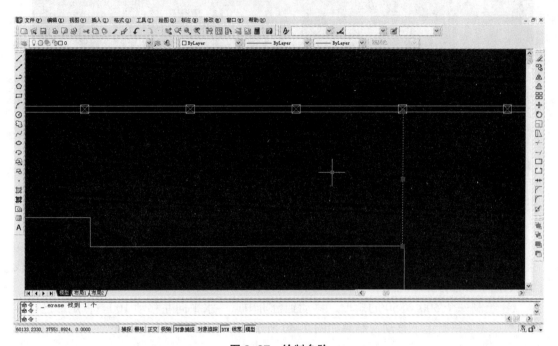

图 2-37　绘制台阶

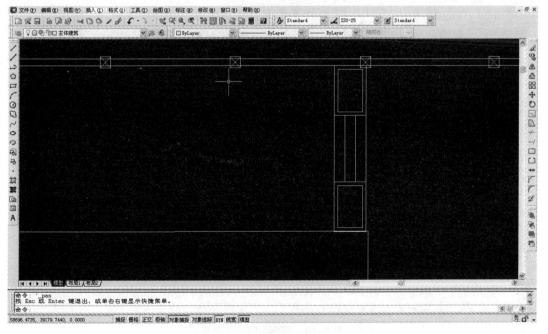

图 2-38　绘制台阶两侧的花池

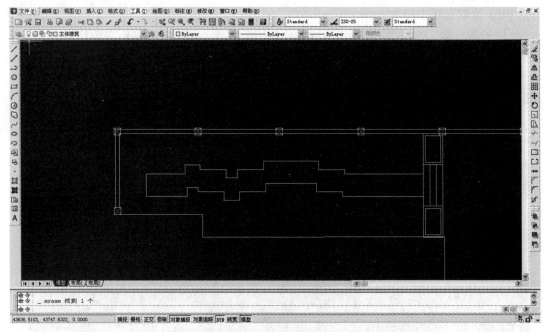

图 2-39　绘制道路中心线

③ 绘制道路中心线。以台阶中心为起点，绘制多段线。分解道路中心线，将水平线向上、向下各偏移 500，删除中心线。用直线连接偏移后的水平线。如图 2-39 所示。

④ 绘制一个 500×850 的矩形，移动到台阶中点，水平向左移动 100。将矩形进行阵列，根据需要进行上下移动，结果如图 2-40 所示。

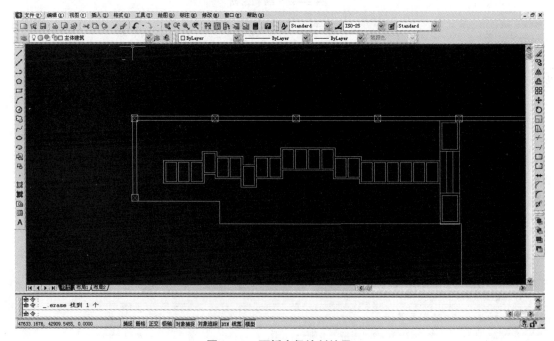

图 2-40　石板小径绘制结果

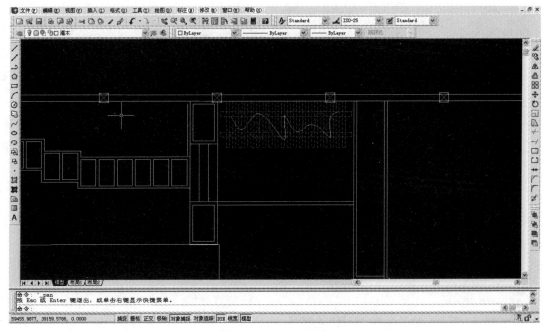

图 2-41　绘制休闲平台

（9）绘制休闲平台

以台阶为起点，绘制一条水平直线，将水平直线向下偏移 100，作为路沿，移动花架到图 2-41 所示的位置。

（10）绘制铺装

① 新建一个名为"铺装"的图层，图层的颜色为 8 号灰色。将其置为当前图层。

② 在入口道路处绘制一条道路中心线，打开【图案填充编辑】对话框进行填充。

③ 填充水池周围的铺装。打开【图案填充编辑】对话框，设置如图 2-42 所示。选择填充的方格图案，在【特性】工具栏中选择 11 号粉色。

④ 填充后花园小路的铺装。打开【图案填充】对话框填充，选择填充的方格图案，在【特性】工具栏中选择 32 号棕色。

⑤ 填充休闲平台的铺装。打开【图案填充】对话框填充。结果如图 2-43 所示。

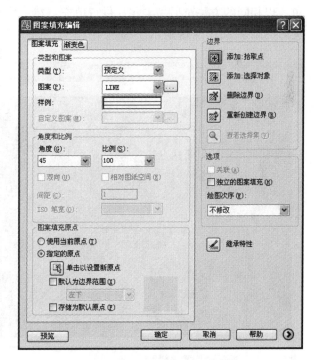

图 2-42　"图案填充"对话框

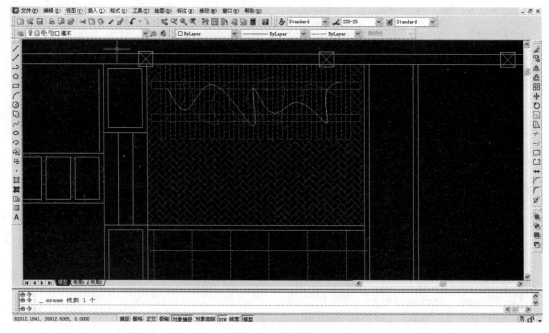

图 2-43 填充图案

（11）绘制植物

①新建一个名为"灌木"的图层，将其置为当前图层。

②执行【绘图】→【样条曲线】命令，绘制样条曲线，如图 2-44 所示。

③ 打开【图案填充】对话框，选择填充的图案，在【特性】工具栏中选择 6 号洋红色。以相同的方法对另一半花坛进行填充，在【特性】工具栏中选择 3 号绿色。设置及填充后的结果如图 2-45 所示。

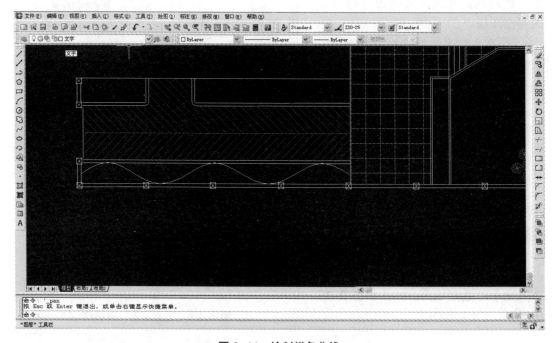

图 2-44 绘制样条曲线

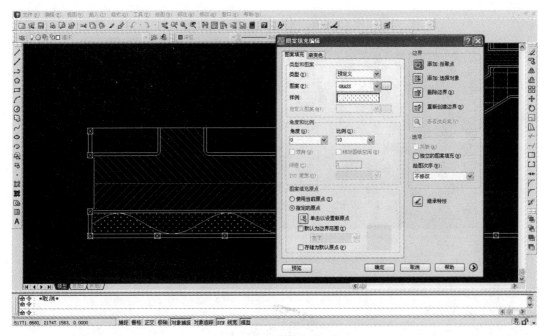

图 2-45　填充图案

④ 新建一个名为"草地"的图层，图层的颜色为 3 号绿色，将其置为当前图层。

⑤ 打开【图案填充】对话框，设置如图 2-46。

⑥ 新建一个名为"植物"的图层，将其置为当前图层。

⑦ 打开计算机中的某些植物图块，根据需要拖入新绘制的图形中，拖入植物后的图形如图 2-47 所示。

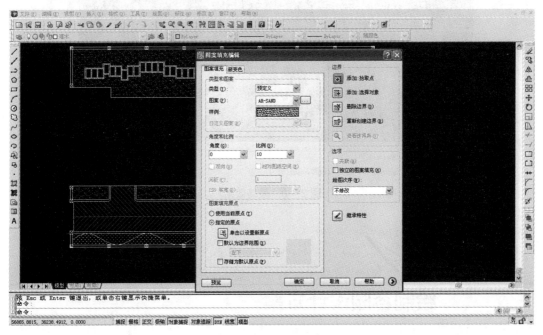

图 2-46　填充图案

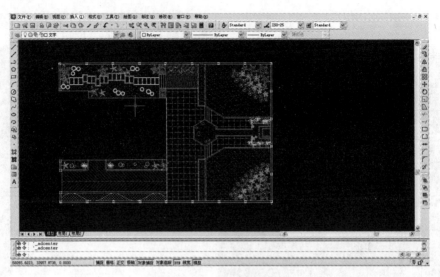

图 2-47　拖入植物图块

（12）输入文字

①新建一个名为"文字"的图层，图层的颜色为白色，将其置为当前图层。

②执行【标注】→【引线】命令，在【引线设置】对话框中将"角度约束"的"第一段"设置为45°，"第二段"设置为"水平"，并勾选"最后一行加下划线"。

③输入文字，最终效果如图 2-48 所示。

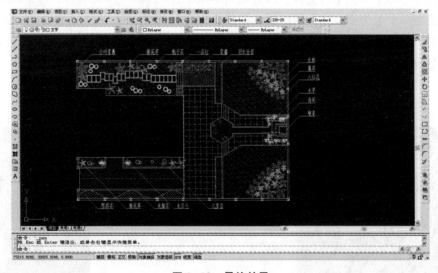

图 2-48　最终效果

任务2.4

绘制容园设计方案

容园是为一个居民小区中的绿地所做的规划设计方案，如图 2-49 所示，右侧大约为

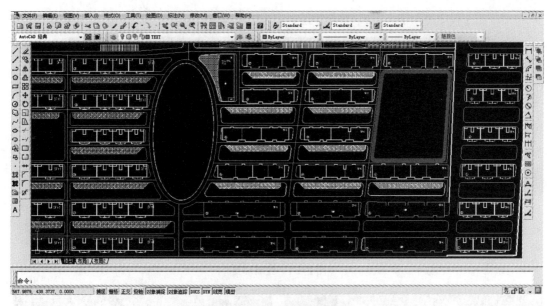

图 2-49 容园的平面位置图

62 000×80 000 的不规则四边形即为所需规划设计的部分。下面介绍在此区域部分绘制容园的步骤。

（1）绘制主要道路

① 新建一个名为"道路"的图层，图层的颜色为红色。将其设置为当前图层。

② 绘制林荫道。执行【直线】命令，捕捉最上方的直线的中点作为起点，绘制一条垂直的直线作为道路的中心线。执行【偏移】命令，将绘制的直线分别往左边和右边各偏移 500 和 2000，得到 4 条直线。删除绘制的第一条中心线。如图 2-50 所示。

③ 绘制环路。执行【圆弧】命令，利用起点、第二点、端点画圆弧的方法画出道路内侧的弧线，注意起点和端点在直线道路上。执行【偏移】命令，将内侧圆弧向外偏移

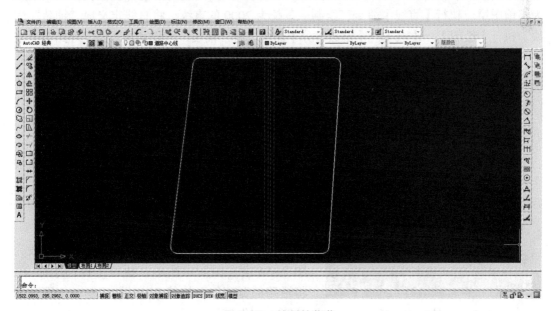

图 2-50 绘制林荫道

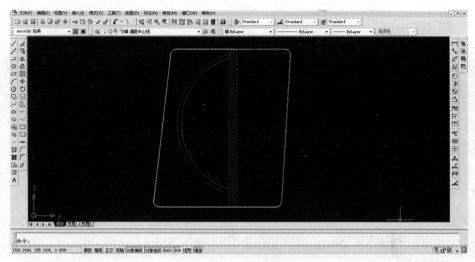

图 2-51　绘制环路

图 2-52　圆弧与直线相交

500 和 2500，绘制出另外两条弧线。如图 2-51 所示。执行【延伸】命令，将这两条弧线的端点与直线相交。如图 2-52 所示。

④ 绘制环路铺装。新建一个名为"铺装"的图层，图层的颜色为淡红色。将其设置为当前图层。执行【直线】命令，绘制一条长为 2000 的直线，将直线定义成"铺装"的块。执行【绘图】→【点】→【定数等分】命令，将"铺装"图块插入环路，环路等分成100 份。如图 2-53 所示。

⑤ 绘制水上道路。执行【矩形】命令，在绘图区的空白处绘制一个 35 000×5000 的矩形。执行【偏移】命令，将矩形向内偏移 500。执行【分解】命令，将矩形分解。执行【偏移】命令，将矩形的宽偏移如图 2-54 所示的距离。最后执行【修剪】命令，将不需要的线段修剪。

将水上道路复制到如图 2-55 所示位置。修剪不需要的直线。

将刚刚在空白绘图区绘制的水上道路修改为图 2-56 中左图所示图形，执行【拉伸】命令，将道路的宽度往下拉伸 500，即绘制一个宽度为1000 的水上道路。

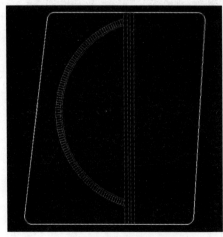

图 2-53　绘制环路铺装

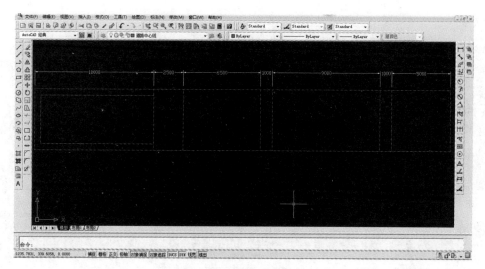

图 2-54　绘制水上道路

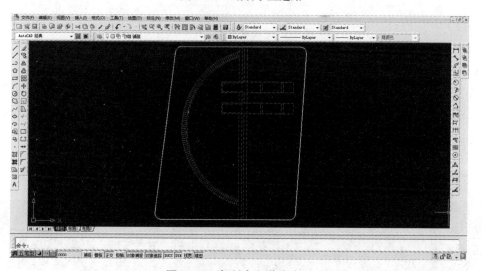

图 2-55　复制水上道路（1）

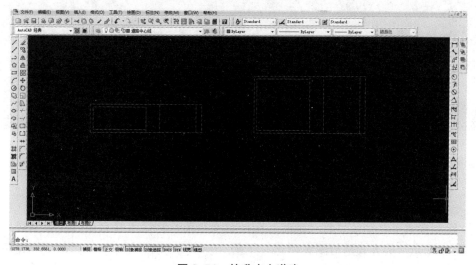

图 2-56　拉升水上道路

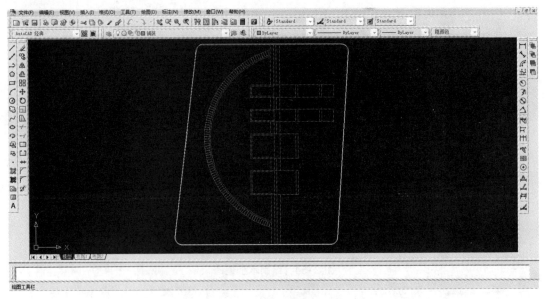

图 2-57　复制水上道路（2）

将拉伸过的水上道路复制到图 2-57 所示位置。修剪不需要的直线。

⑥ 绘制探水平台。执行【多段线】命令，绘制探水平台的外轮廓线。执行【偏移】命令，将轮廓线往里偏移 300。执行【圆】命令，在探水平台顶端绘制半径为 560 的圆。执行【修剪】命令，修剪探水平台与环路重叠的部分。如图 2-58 所示。

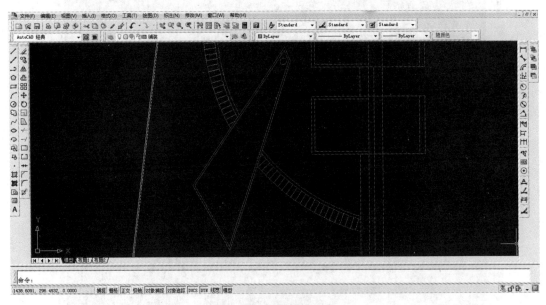

图 2-58　绘制探水平台

⑦ 绘制探水平台铺装。将"铺装"图层置为当前，将探水平台用直线分隔成 4 个部分，以"拾取点"的方式进行图案填充。注意：选择同一填充图案，通过改变填充角度来填充平台的 4 个部分。填充结果如图 2-59 所示。

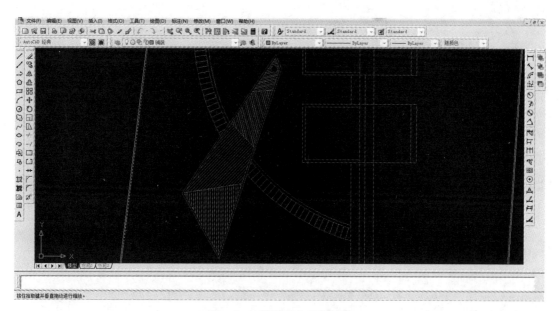

图 2-59　绘制探水平台铺装

（2）绘制其他道路

① 新建一个名为"其他道路"的图层，图层的颜色为白色。将其设置为当前图层。

② 执行【直线】以及【偏移】命令，绘制如图 2-60 所示的两侧道路线，左侧道路两条线间距约为 5000。

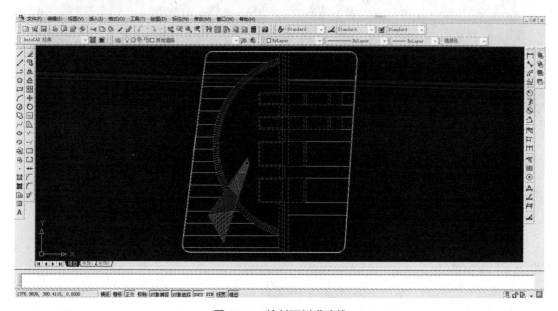

图 2-60　绘制两侧道路线

③ 绘制台阶。执行【直线】以及【偏移】命令，绘制如图 2-61 所示的两级台阶，台阶宽度为 300。

执行【复制】命令，将台阶复制到图 2-62 所示的位置。

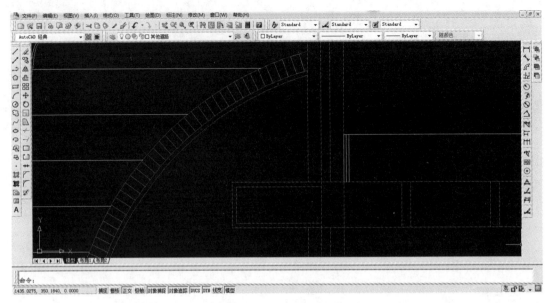

图 2-61　绘制台阶

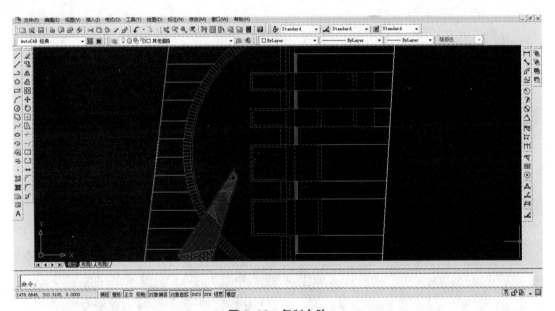

图 2-62　复制台阶

（3）绘制草坡

① 新建一个名为"草坡"的图层，图层的颜色为绿色。将其设置为当前图层。

② 绘制等高差为 500 的草坡。执行【多段线】命令，绘制草坡外轮廓。执行【修剪】命令修剪轮廓内的道路线。执行【偏移】命令，将草坡轮廓向内偏移 500。如图 2-63 所示。

③ 在容园的右侧绘制 4 个大小不等、等高差为 500 的草坡，绘制方法同步骤 2。如图 2-64 所示。

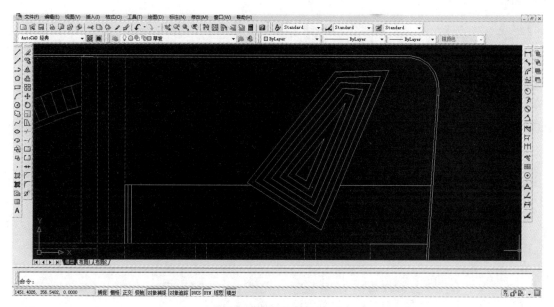

图 2-63 绘制草坡

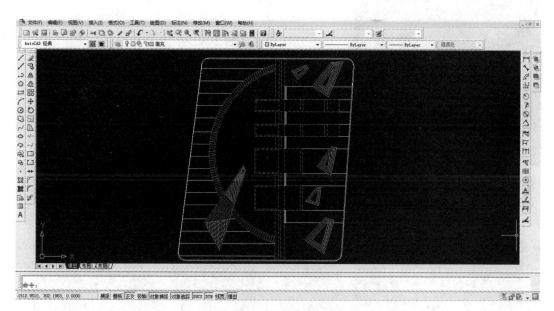

图 2-64 绘制其他草坡

（4）绘制与填充规则绿篱

① 在如图 2-65 所示位置绘制规则绿篱的外轮廓线。执行【修剪】命令，修剪与草坡重合的线。

② 新建一个名为"填充"的图层，图层的颜色为绿色。将其设置为当前图层。

③ 利用"拾取点"的方法进行图案填充，填充结果如图 2-65 所示。

④ 在如图 2-66 的位置绘制规则绿篱，并进行填充，过程同步骤 3。注意：可以先将规则绿篱的轮廓线全部画完再一起进行填充。

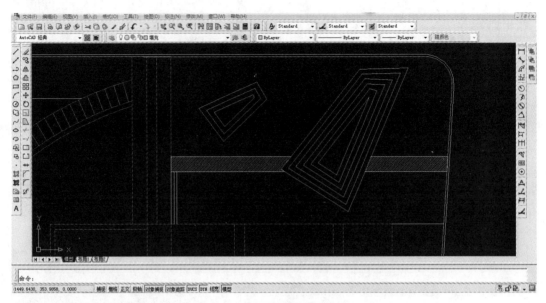

图 2-65　绘制并填充规则绿篱

图 2-66　绘制并填充其他规则绿篱

（5）绘制与填充竹丛与草地

① 绘制方法与步骤同（4），填充图案与规则绿篱的有所区别。如图 2-67 所示。

② 在平面图的其他位置绘制出竹丛和草地。如图 2-68 所示。

（6）绘制园林建筑小品及坐椅等

① 新建一个名为"建筑小品"的图层，图层的颜色为淡黄色。将其设置为当前图层。

② 绘制喷水小雕塑。跌水口绘制 1000×570 的矩形，为喷水小雕塑，绘制 200×400 的矩形为跌水口，

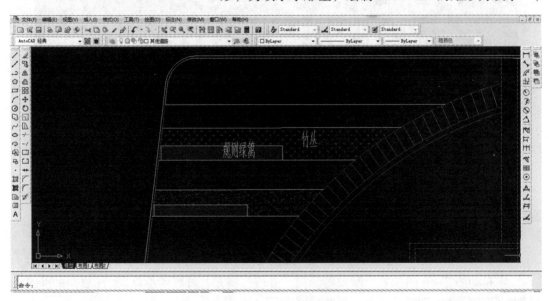

图 2-67　绘制竹丛与草地

移动到如图 2-69 的位置。

③ 绘制树阵平台。绘制 1000 × 1000 的矩形为平台，执行【复制】命令，复制 4 个。新建一个名为"树木"的图层，图层的颜色为绿色。将其设置为当前图层。执行【圆】命令，绘制半径为 1000 的圆，复制 4 个，放置在如图 2-69 的位置。将绘制好的树阵平台再复制一个。

④ 将喷水小雕塑、跌水口以及树阵平台复制放置在如图 2-70 的位置。

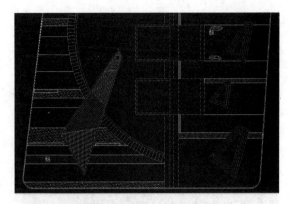

图 2-68　绘制竹丛与草地

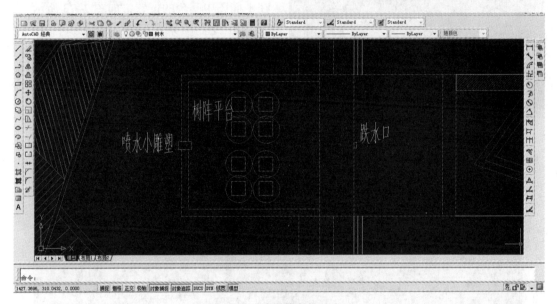

图 2-69　绘制喷泉与跌水口

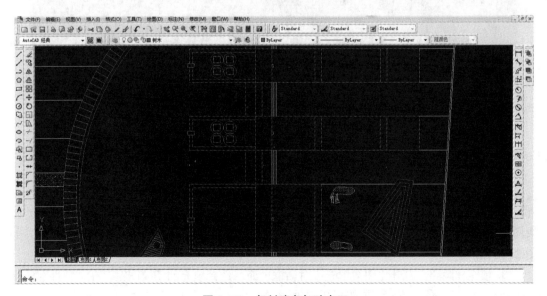

图 2-70　复制喷泉与跌水口

图 2-71　悠然亭

⑤ 绘制悠然亭。在绘图区的空白处利用矩形以及镜像命令，绘制如图 2-71 所示的悠然亭，亭子的总长约为 8600，长约为 5800。

⑥ 执行【移动】命令，将悠然亭移动到如图 2-72 所示位置。

⑦ 绘制坐凳。绘制 430×430 的正方形，复制多个，放置在如图 2-72 所示的位置。

绘制 50×3000 的矩形作为坐凳，放置在平面图中其余的位置，如图 2-73 所示。

⑧ 绘制喷泉及门框景框。执行【圆】命令，绘制半径为 420 的圆。执行【复制】命令，复制圆至图 2-74 的位置，作为泡泡涌泉与单射喷泉。执行【多段线】命令，绘制门框景框。

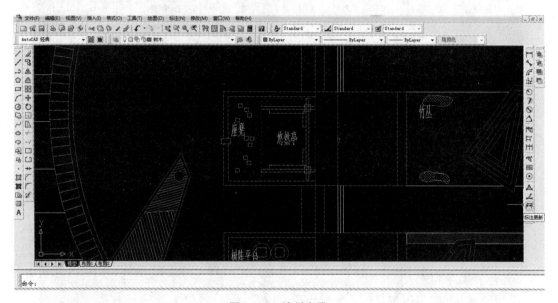

图 2-72　绘制坐凳

（7）绘制铺装与水体

① 将"铺装"图层设为当前图层。

② 填充砖路的铺装。打开【图案填充】对话框，设置如图 2-75 所示。选择填充的砖块图案，在【特性】工具栏中选择 251 号灰色。利用"拾取点"的方法，填充砖路。如图 2-76 所示。

③ 填充林荫路。打开【图案填充】对话框填充，选择填充的条纹图案，在"特性"工具栏中选择 251 号灰色。填充结果如图 2-76 所示。

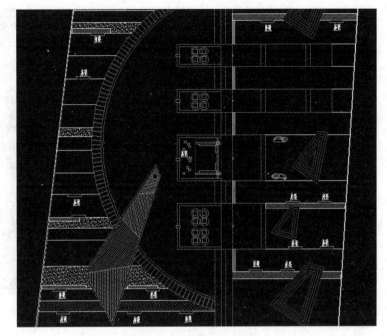

图 2-73 绘制其他坐凳

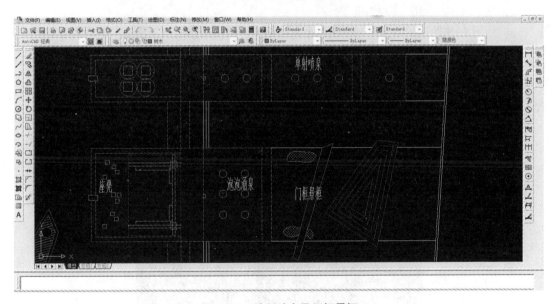

图 2-74 绘制喷泉及门框景框

④ 填充平面左侧的道路。打开【图案填充】对话框填充，选择填充的条纹图案，在【特性】工具栏中选择 251 号灰色。填充结果如图 2-76 所示。

⑤ 填充水上道路。打开【图案填充】对话框填充，选择填充的条纹图案。在【特性】工具栏中选择 46 号黄色。填充结果如图 2-76 所示。注意：如果用"拾取点"的方法进行填充，孤岛检测应选择"忽略"。

⑥ 填充水体。打开【图案填充】对话框填充，选择填充的虚线图案。在【特性】工具栏中选择 132 号蓝色。填充结果如图 2-76 所示。

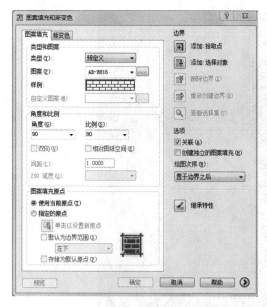

图 2-75　填充图案

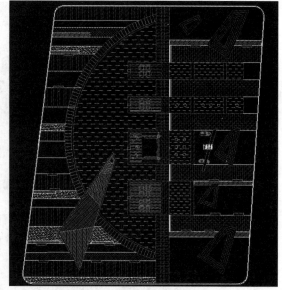

图 2-76　绘制铺装和水体

（8）绘制树木

① 将"树木"图层设为当前。

② 分别在林荫道，左右两侧的空地上绘制大小不等的圆，作为树木平面图。最终的绘制效果图如图 2-77 所示。

（9）输入文字

① 新建一个名为"文字"的图层，图层的颜色为白色，将其置为当前图层。

② 输入文字，最终效果如图 2-77 所示。

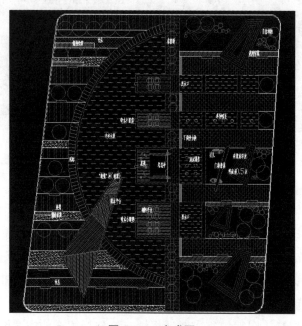

图 2-77　完成图

模块 2

3ds Max 基本操作与园林设计应用

项目 3
认识 3ds Max

【知识目标】

（1）了解 3ds Max 2012 工作界面，熟悉 3ds Max 视图操作。

（2）掌握 3ds Max 2012 园林效果图制作中常用工具的基本操作。

【技能目标】

（1）能根据园林效果图制作需求制定个人工作界面。

（2）能很好地把握视图、坐标与物体的位置关系，选择模型制作的方法。

（3）能灵活运用 3ds Max 的常用工具制作小模型。

任务 3.1

认识 3ds Max 工作界面

园林景观效果图不仅可以展现设计师的主要设计理念，还能帮助甲方了解设计的大概效果，在设计师与客户之间起着桥梁作用，更好地让双方了解彼此的意图。

3D Studio Max，简称 3ds Max 或 MAX，是 Autodesk 公司开发的基于 PC 系统的三维动画渲染和制作软件。其建模功能强大，制作出来的效果图效果逼真、细腻，操作相对简单，容易上手，和其他相关软件配合顺畅。在众多效果图制作软件中 3ds Max 是非常流行的软件之一。下面以 3ds Max 2012 为例学习其基本操作。

3.1.1 熟悉 3ds Max 的界面布局

双击图标，启动 3ds Max 软件。打开后，界面布局如图 3-1 所示。

（1）标题栏

3ds Max 2012 的标题栏位于界面最顶部，主要包含程序图标、当前编辑的文件名称、软件版本信息，如图 3-2 所示是名为练习的 MAX 文件。

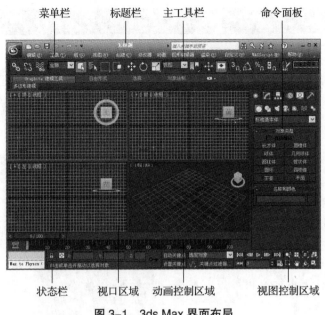

图 3-1　3ds Max 界面布局

图 3-2　标题栏

（2）菜单栏（图3-3）

图 3-3　菜单栏

【编辑】菜单：用于对象的选择和编辑。如撤销、删除、全选、对象属性等。

【工具】菜单：更改或管理对象的各种命令。如镜像、阵列等。

【组】菜单：将复杂的物体进行打组，方便编辑和调整。

【视图】菜单：只对视图区有效。如显示方式等。

【创建】菜单：创建一些常见的物体。如标准基本体、扩展基本体等。

【修改器】菜单：提供对象的一些修改功能。

【动画】菜单：与动画有关的操作。如约束、蒙皮等。

【图形编辑器】菜单：对轨迹视图和图解视图的创建、编辑等操作。

【渲染】菜单：可对材质球、灯光等后期制作渲染。

【自定义】菜单：可依据自己的喜好重新创建工具面板。

【MAXScript（M）】菜单：脚本语言的编辑器，不常用。

【帮助】菜单：访问 3d Max 在线帮助系统等。

（3）主工具栏

主工具栏位于菜单栏下方，如图 3-4 所示，概括了创作过程中各类经常用到的工具，操作起来十分方便。主工具栏只有在 1280×1024 的分辨率下才能全部显示出来，工具右下角有"▲"标记表示其中还含有多工具，在工具上按住鼠标左键向右下角拖拽，可以将隐藏的工具显示出来。

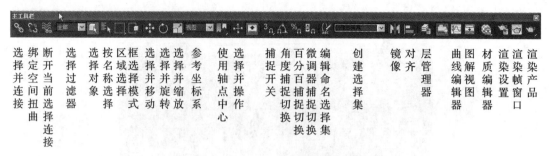

选择并连接　绑定到空间扭曲　断开当前选择连接　选择过滤器　选择对象　按名称选择　区域选择模式　框选并缩放　选择并旋转　选择并移动　参考坐标系　使用轴点中心　选择并操作　捕捉开关　角度捕捉切换　百分比捕捉切换　微调器捕捉切换　编辑命名选择集　创建选择集　镜像　对齐　层管理器　曲线编辑器　图解视图　材质编辑器　渲染设置　渲染帧窗口　渲染产品

图 3-4　主工具栏

（4）命令面板

命令面板位于界面右侧，如图 3-5 所示，由 6 个单独的面板组成，用于创建和编辑场景中的对象。每个面板都有卷展栏，其中包含按功能划分的命令和参数，卷展栏可以展开或折叠。

（5）状态栏

　显示当前所选择物体的数目，用于对物体锁定。右侧提供鼠标的坐标位置及当前网格使用的距离单位。如图 3-6 所示。

自左至右依次为创建、修改、层次、运动、显示和工具 6 个命令面板的标签

图 3-5　命令面板

图 3-6　状态栏

图 3-7　动画控制区域

（6）动画控制区域

动画控制区域用来创建动画，如图 3-7 所示。

（7）视图区域

视图区包括顶、底、前、后、左、右、透视和用户 8 种视图。根据建模需要，可以从不同的视图显示场景中各物体的空间结构和空间关系，在视图左上角视图名称处单击右键可以切换视图，如图 3-8 所示。视图形成的原理如图 3-9 所示，从上向下看物体，即为顶视图；从前向后看，即为前视图；从左向右看，即为左视图；从透视角度看，即为透视图。这是我们建模中常用的 4 种视图。为场景添加摄影机和聚光灯后可以打开摄影机视图和聚光灯视图，摄影机视图用于观察和调整摄影机的拍摄范围和拍摄视角；聚光灯视图用于观察和调整聚光灯的照射情况，并设置高光点。

视图的显示方式决定了如何在视图中显示场景中的对象，单击视口左上角显示方式的名称，在弹出的快捷菜单中选择可调整视图的 3 种显示方式，如图 3-10 所示。

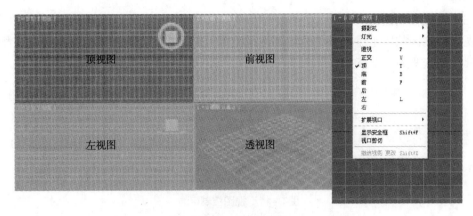

图 3-8 视图区域

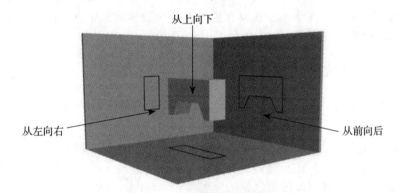

图 3-9 视图形成原理

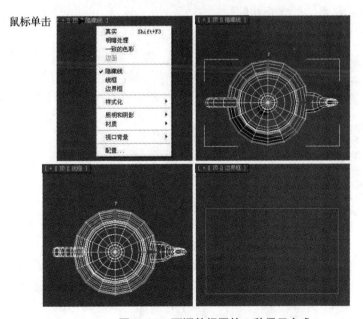

图 3-10 可调整视图的 3 种显示方式

技巧与提示：常用视图切换快捷键有顶视图（T）、前视图（F）、左视图（L）、透视图（P）、用户视图（U）。

（8）视图控制区域

视图控制区域用来对场景中的物体进行浏览。视图控制是可变的，某些按钮，相对于不同视图会改变为其他按钮，如图 3-11 所示。

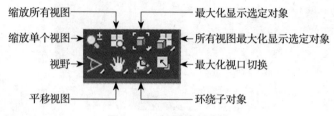

图 3-11　视图控制区域

技巧与提示：按"鼠标中键"平移视图；滚动滑轮缩放视图；ALT+ 中键任意视角旋转视图；ALT+W 最大化显示某一视口；Z 将选择的物体最大化，Ctrl+Shift+Z 将 4 个视图中所有物体全部最大化显示。

3.1.2　熟悉文件的基本操作

单击界面左上角 3ds Max 程序图标，可以对文件进行操作，如图 3-12 所示。

（1）新建场景文件

创建场景文件的方法有多种，启动 3ds Max 2012 后，系统会自动创建一个全新的、名为"无标题"的场景文件；也可通过选择【文件】→【新建】菜单创建新的场景文件。通过此方法创建的场景文件会保留原场景的界面设置、视图配置等。

另外，可以通过选择【文件】→【重置】菜单创建文件，此时创建的场景文件与启动 3ds Max 时创建的场景文件完全相同。

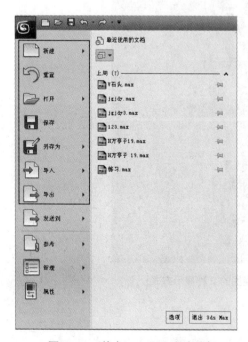

图 3-12　单击 3ds Max 程序图标

（2）打开文件

① 选择【文件】→【打开】，可以选择文件所在位置和名称打开现有的 MAX 文件。

② 双击已有 MAX 文件图标，可以打开文件。

③ 将已有 MAX 文件拖到 3d 程序图标上，打开文件。

④ 启动 3ds Max 程序，将已有 MAX 文件拖到视口，选择打开文件。

（3）保存场景文件

保存场景文件的操作非常简单，对于已保存的场景，只需选择【文件】→【保存】菜单，系统就会将其保存到以前的文件中。

如果场景未保存过，则会弹出【文件另存为】对话框，从对话框的"保存在"下拉列表框中选择文件保存的位置，并在【文件名】文本框中输入文件的名称，然后单击【保存】按钮完成场景的保存。

另外，选择【文件】→【另存为】菜单可以

将场景换名保存；如果只想保存场景中的某些对象，可以先选中要保存的对象，然后选择【文件】→【另存为】→【保存选定对象】菜单。此外，为了防止因意外事故导致大的损失，3ds Max 默认每隔 5 分钟对当前设计的场景文件进行自动保存，该文件默认存放在"我的文档 \3ds Max\autoback"文件夹中。

（4）调用外部文件

① 调用 .Max 格式文件 在模型制作过程中，经常会从其他场景文件中调用已创建好的 Max 模型到当前的场景中，这时需要用到场景文件的"合并"功能。

选择【文件】→【导入】→【合并】，打开【合并文件】对话框，然后从【查找范围】下拉列表框中选择场景文件存放的文件夹，选中要导入的模型文件，然后单击【打开】按钮，打开【合并】对话框，选择要合并的物体名称，确定。

② 调用其他格式文件 选择【文件】→【导入】，打开【导入文件】对话框，选择导入文件格式，选中要导入的文件，确定，如图 3-13 所示。园林效果图制作中通常导入".DWG"格式文件或者".3DS"格式文件。

图 3-13 调用其他格式文件

3.1.3 制定工作界面

（1）设定背景颜色

① 单击自定义菜单，选择自定义用户界面，如图 3-14 所示。

② 在弹出的【自定义用户界面】对话框中，选择颜色，如图 3-15 所示。

③ 单击对话框右上方颜色选项旁边的色块，打开【颜色选择器】对话框，拖动颜色调节滑块到最上端，将颜色调为黑色，如图 3-16 所示。最后，单击确定，并按【立即应用颜色】按钮。建模时背景颜色调整为黑色，方便我们清晰地观察模型。

（2）设定单位

① 单击【自定义】菜单，选择【单位设置】，如图 3-17 所示。

图 3-14　选择自定义用户界面

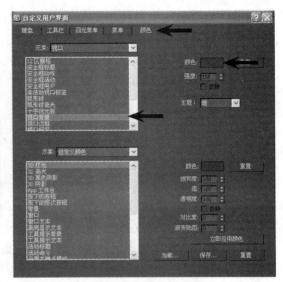

图 3-15　选择颜色

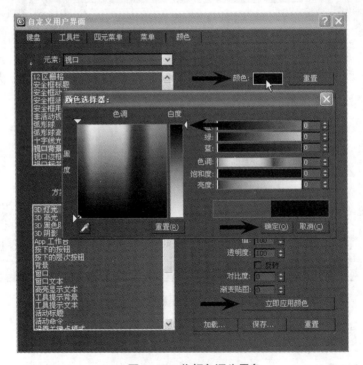

图 3-16　将颜色调为黑色

②在打开的【单位设置】对话框中，将显示单位比例调整为毫米，将系统单位比例调整为毫米，单击【确定】按钮，如图 3-18、图 3-19 所示。

（3）去除视口背景中的网格

在打开 3ds Max 软件的时候视口中会出现网格。根据工作习惯，为了方便观察物体，可以将视口中的网格去除。当该窗口为激活状态，按下（G）键，那么该窗口网格就取消了，再次按（G）键则网格会显示出来，如图 3-20 所示。

图 3-17　选择"单位设置"

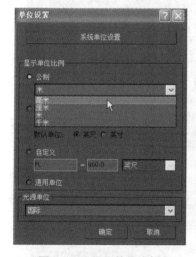

图 3-18　显示单位比例

图 3-19　系统单位比例

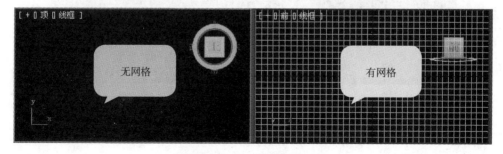

图 3-20　视口背景中的网络

（4）控制视点

在建模过程中，滑动鼠标滚轴缩放视图时，为了更方便地观察视图，以鼠标所在位置为中心缩放视图，会进行以下设置：

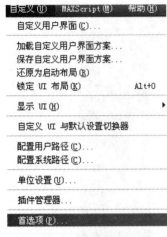

图 3-21　选择"首选项"

① 单击自定义菜单，选择首选项，如图 3-21 所示。

② 选择视口，在鼠标控制选项中勾选"以鼠标点为中心缩放（正交）"和"以鼠标点为中心缩放（透视）"两项，如图 3-22 所示。

技巧与提示：快捷键 I：以某点为中心放大、缩小视图。

（5）设置捕捉

① 在捕捉开关上按住鼠标左键向右下角拖拽，单击【2.5 维捕捉】按钮，如图 3-23 所示。

② 在捕捉按钮上单击右键弹出【栅格和捕捉设置】对话框。取消栅格点的选择，勾选端点和终点。如图 3-24 所示。

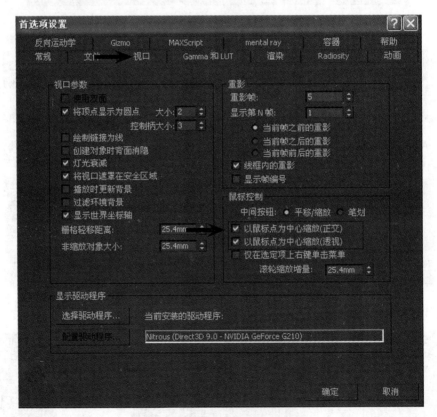

图 3-22　【首选项设置】对话框

3.1.4　坐标系统

（1）坐标系统

坐标系统是进行对象变动的依据。

① 世界坐标系统　用来定位对象的位置。它具有 3 条互相垂直的坐标轴 X、Y 和 Z

轴，在各视口的左下角显示了此视口中坐标轴的方向，视图栅格中两条黑粗线的交点即为世界坐标的原点。默认情况下，世界坐标系原点位于各视口的中心，如图 3-25 所示。

② Screen 屏幕坐标系统 将使用活动视口屏幕作为坐标系。在活动视口中，X 轴将永远在视图的水平方向并且正向向右，Y 轴将永远在视图的垂直方向并且正向向上，Z 轴将永远垂直于屏幕并且正向指向用户。

③ View 视图坐标系统 是世界坐标系统和 Screen 屏幕坐标系统的结合，在透视图中使用世界坐标系统，其他视图使用 Screen 屏幕坐标系统。

④ Local 自身坐标系统 是物体自身拥有的操作系统。

⑤ Pick 自动拾取坐标系统 在一个物体上使用另一个物体的 Local 自身坐标系统。

（2）坐标轴

在 3ds Max 中选择物体时，会显示出 X、Y、Z 3 个坐标轴，表示的就是坐标系的 3 个轴向。X 轴默认显示为红色，Y 轴为绿色，Z 轴为蓝色，当坐标轴高亮显示为黄色时，表示物体的操作在该轴线方向上将受到约束，如图 3-26 所示。

（3）坐标控制钮

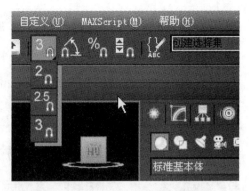

图 3-23 单击【2.5 维捕捉】按钮

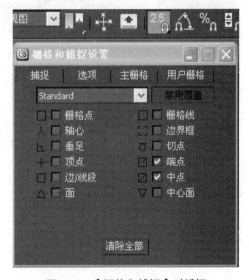

图 3-24 【栅格和捕捉】对话框

①：使用选中物体自身的轴心作为变换的中心点。

②：使用所有选中物体的公共轴心作为变换的中心点。

③：使用当前坐标系统的公共轴心作为变换中心点。

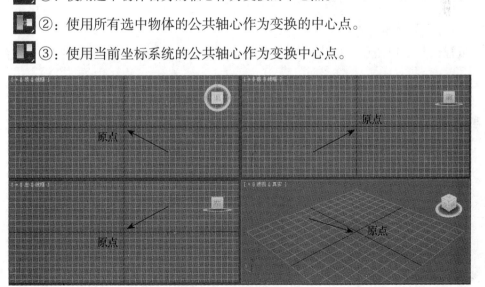

图 3-25 世界坐标系统

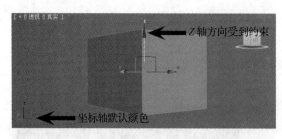

图 3-26 坐标轴

图 3-27 坐标轴心的控制

（4）坐标轴心的控制

选择层级面板中调整轴选项下的"仅影响轴"命令，用移动工具可进行坐标轴位置的调整。如图 3-27 所示。

技巧与提示：X 键：是对坐标手柄的显示和隐藏；F5 键：切换到坐标轴 X；F6 键：切换到坐标轴 Y；F7 键：切换到坐标轴 Z；F8 键：切换 XY、XZ、YZ 坐标轴。

任务 3.2

认识 3ds Max 基本绘图面板

3.2.1　3ds Max 基本对象的创建

（1）标准几何体的创建

① 鼠标创建　单击创建面板，然后选择几何体项目面板下的标准几何体，共有 10

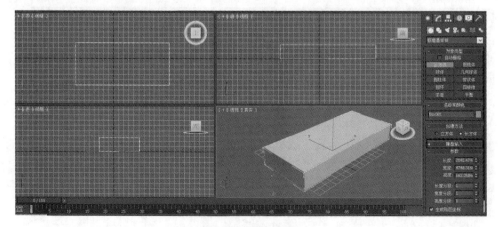

图 3-28　鼠标创建

种。下面以长方体为例介绍创建的方法。激活顶视图，按下【长方体】按钮，任意位置单击鼠标左键，按住左键向右下方拖拽到适当位置，松开，确定长方体的长宽，然后将鼠标向上移动，再次单击鼠标左键，确定长方体的高度，如图 3-28 所示。

② 键盘输入创建　点开键盘输入前面的＋号，在长度、宽度、高度参数旁输入数值，点击【创建】，长方体的坐标轴中心点由 X、Y、Z 参数控制，3 个参数都为 0 时，物体的坐标轴中心在坐标原点（0，0，0）的位置，如图 3-29 所示。

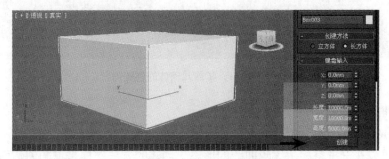

图 3-29　键盘输入创建

③ 长方体基本参数的修改　选择长方体，单击【修改命令】面板，可以对长方体的名字、颜色进行修改，在"参数卷展"栏中修改长宽高数值，可以对长方体的大小进行修改，如图 3-30 所示。

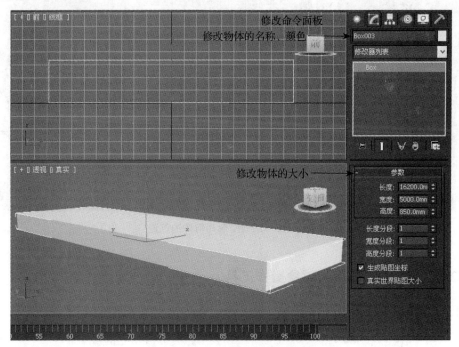

图 3-30　长方体基本参数的修改

（2）扩展几何体的创建

单击【创建】面板，然后选择【几何体项目】面板下的扩展几何体，共有 13 种。创建方法和基本几何体大致相同。如图 3-31 所示为各种创建好的扩展几合体。

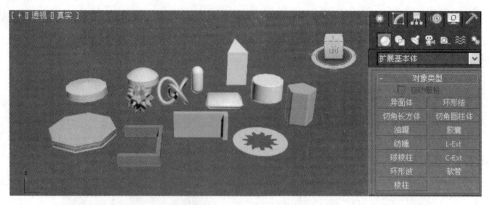

图 3-31　扩展几何体的创建

（3）二维图形的创建

在 3ds Max 中二维图形包括样条线、NURBS 曲线和扩展样条线。3ds Max 的图形概念是空间的，可以在三维空间中编辑曲线的形态。创建的方法同样是单击创建面板，选择要创建的种类，在视口中借助鼠标的单击、移动、拖动等操作创建对象，如图 3-32 所示。

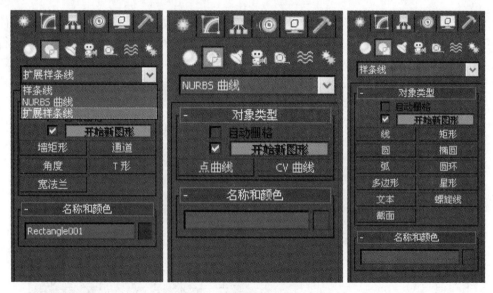

图 3-32　二维图形几何体的创建

3.2.2　3ds Max 常用的对象操作工具

（1）选择工具

① 选择单个对象　　单击工具栏中【选择对象】按钮，在视图中单击某个对象即将其可选中。默认情况，在线框显示方式下，物体未选中时呈彩色显示，而选中后呈白色显示；在真实显示方式下，被选中的物体周围将显示一个白色框，如图 3-33 所示。

② 选择多个对象

· 单击选择一个对象，然后按住 Ctrl 键，进行加选，可同时选择多个对象。如果某个对象已被选中，按住 Ctrl 键单击该对象，可取消其选择状态。按住工具栏的【矩形选择

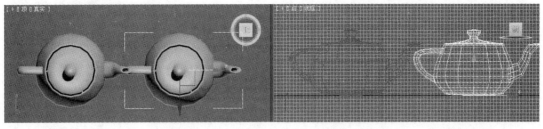

|未选中的物体|选中的物体|未选中的物体|选中的物体|

图 3-33 选择单个对象

区域】按钮不放，在弹出的下拉列表中可设置鼠标拖动出的选框类型。

• 单击 ▣【交叉选择】按钮，用鼠标左键在要选择的对象上拖出选框，只有将对象完全框进来，才能选中。按住工具栏的【选择区域】按钮向右下角拖拽，在弹出的下拉列表中可变换选框的类型。

• 单击 ▣【窗口选择】按钮，同样是用鼠标拖出选框，但是只要和对象有接触，无论大小，都可选中。

• 单击 ▤【按名称选择】按钮，打开【选择对象】对话框，可以按照名称和类别对物体进行筛选，也可以进行全选、反选等，如图 3-34 所示。

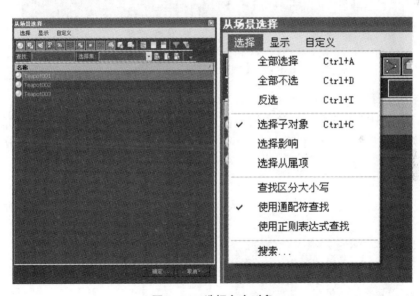

图 3-34 选择多个对象

• 选择过滤器：在主工具栏【全部】下拉菜单中可以通过过滤物体类型进行筛选。

（2）移动工具

单击工具栏上的 ✛【选择并移动】按钮，可以选择按照对象坐标轴的方向，按住鼠标左键拖动；也可在选中对象后，右击移动按钮，打开相应的【移动变换输入】对话框，如图 3-35 所示，然后在"偏移：屏幕坐标"中输入数值，并按下 Enter 键即可，要注意坐标轴的方向。在"绝对：世界坐标"中将对象的 X、Y、Z 值都调为 0，可以将其移动到坐标原点，也称为归零。

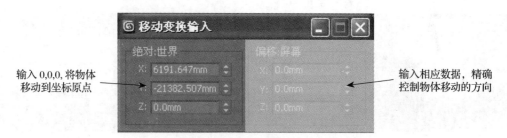

输入 0,0,0,将物体移动到坐标原点

输入相应数据，精确控制物体移动的方向

图 3-35 【移动变换输入】对话框

（3）旋转工具

单击工具栏的 ⟳【选择并旋转】按钮，单击要旋转的对象，将鼠标放在用于对象旋转操作的变换线圈上，待鼠标变成旋转形状后拖动鼠标即可沿线圈相对应的坐标轴旋转对象。也可在旋转图标上单击右键，调出【旋转变换输入】对话框进行调整，如图 3-36 所示。

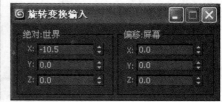

图 3-36 【旋转变换输入】对话框

（4）缩放工具

单击工具栏中的【选择并缩放】按钮，选中要进行缩放的对象，然后将鼠标放在对象的缩放变换线框上拖动，哪个轴变为黄色，即可沿其所对应的坐标轴方向缩放对象，如图 3-37 所示。

（5）复制工具

① 原地复制　选择【编辑】→【克隆】命令，弹出对话框，如图 3-38 所示，选择

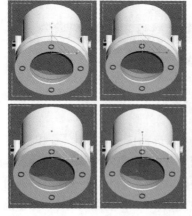

图 3-37　缩放工具

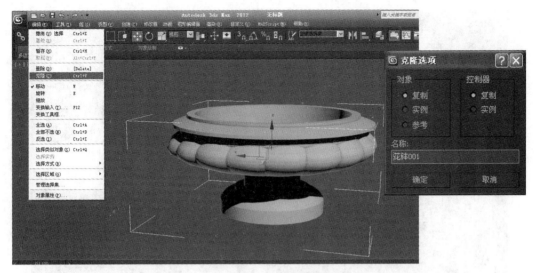

图 3-38　原地复制

"对象"中的"复制",可以原地(位置重合)复制一个对象,当源对象参数修改时,复制的对象不发生变化;选择"实例",当源对象参数修改时,复制的对象发生相同的变化。

②变换复制　变换复制是指通过移动、缩放或旋转操作创建对象副本。

按下移动工具,选中对象,按住键盘上的 Shift 键沿着坐标轴的方向拖动物体,在弹出的对话框中选择复制对象属性,并输入想要复制的副本数量,单击【确定】按钮。移动复制如图 3-39 所示,旋转复制如图 3-40 所示,缩放复制如图 3-41 所示。

技巧与提示:变换复制最终效果与坐标轴轴心的位置息息相关,一定要先进入层级面板将其调整好。

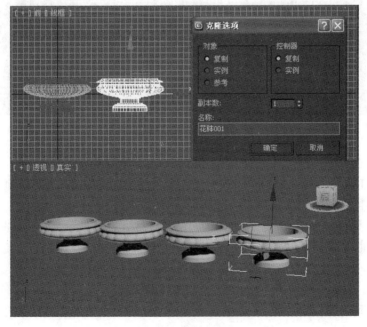

图 3-39　移动复制

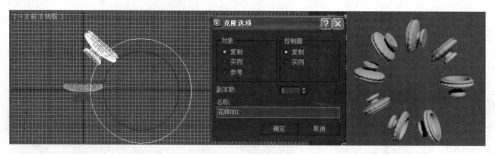

图3-40　旋转复制

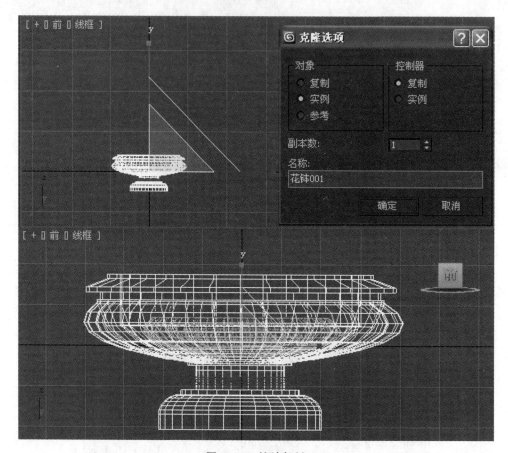

图3-41　缩放复制

（6）阵列工具

使用阵列工具可以按一定的顺序和形式创建当前所选对象的阵列。阵列维度可以是一维、二维或三维的，阵列形式可以是移动、旋转和缩放阵列。

首先，将对象的坐标轴移动到阵列的中心位置，如图3-42所示。然后，选择【工具】→【阵列】，打开【阵列】对话框，单击"旋转阵列"右边的按钮，输入想要旋转的角度，在一维阵列中输入个数。预览可以观看阵列的效果。最后，单击【确定】按钮，完成阵列，如图3-43至图3-45所示。

技巧与提示：在工具栏的空白位置单击鼠标右键，打开附加工具栏，也可以找到阵列工具。

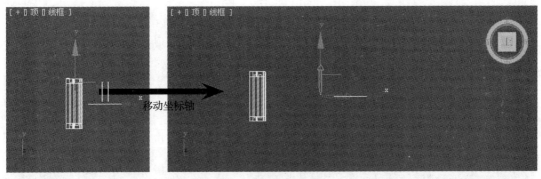

图 3-42　移动坐标轴

图 3-43　选择"阵列"

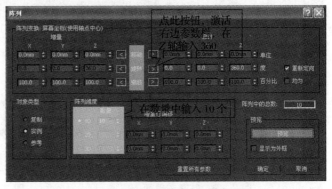

图 3-44　【阵列】对话框

图 3-45　完成阵列

（7）镜像工具

镜像常用于创建对称性对象。

镜像轴：用于设置沿哪个轴进行镜像移动，可以选择 X、Y、Z、XY、YZ 或者 ZX 轴。

偏移：用于设置镜像对象偏移源对象轴心点的距离。

克隆当前选择：用于控制对象是否复制，以何种方式复制。默认选项是"不克隆"即只翻转对象而不复制对象。

例如，制作道路两边的模纹，只需先制作出左半边，选择 X 轴，偏移距离 13 500，复制克隆，单击【确定】，即可镜像克隆出右半边模纹，如图 3-46 至图 3-48 所示。

（8）对齐工具

选择茶壶，单击对齐工具，将鼠标移动到桌面上，当鼠标变成十字形状时，单击鼠标

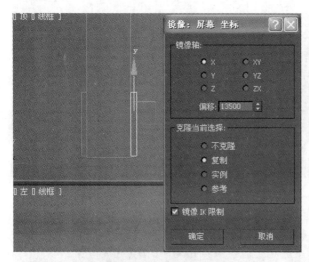

图 3-46　选择 X 轴

图 3-47　制作左半边模纹

图 3-48　复制右半边模纹

图 3-49　茶壶在单面上方

图 3-50　茶壶底面与桌子表面对齐

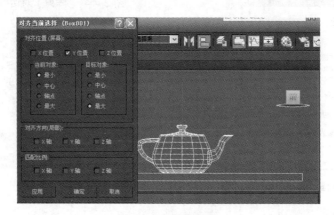

图 3-51　参数设置

左键，弹出【对齐】对话框。参数设置为：Y 位置，当前对象最小，对齐目标对象最大，单击【确定】，将茶壶的底面与桌子的上表面对齐。如图 3-49 至图 3-51 所示。

（9）对象整理工具

① 组工具　为了方便同时选择或修改多个对象，可以将对象打包成一个组。将几个对象同时选中，选择工具栏中【组】→【成组】命令，打开组对话框，编辑组名称，单击【确定】按钮，如图 3-52、图 3-53 所示。成组前，将 3 个对象全部选中时，每个对象有自己单独的显示框；成组后，可单击一个对象就将整组对象选中，只有一个组显示框，如图 3-54 所示。

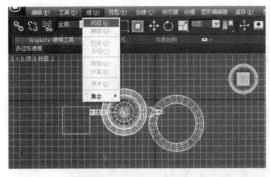

图 3-52 选择"成组"

图 3-53 【组】对话框

图 3-54 成组前后显示框的变化

成组之后，可以对组进行编辑。

解组：可以将组解开，但只能解开一个层次的组。

打开：原来的组并不解除，只是将组暂时解开，对组内对象编辑后，再将其关闭，恢复原来的组。

附加：可以将对象编入到其他组中。

分离：将物体从某一组中分离出来。

炸开：可以将多层次的组解开。

② 选择集工具 为对象创建选择集方便集体选择。选中物体，单击工具栏上【选择集】按钮，调出【选择集】对话框，可以进行创建、删除、加减等编辑，如图 3-55 所示。

③ 隐藏和冻结 当场景中对象多时，为了方便观察，可以在对象上单击鼠标右键，将其隐藏或者冻结起来，如图 3-56，图 3-57 所示。被隐藏的对象，在场景中观察不到，

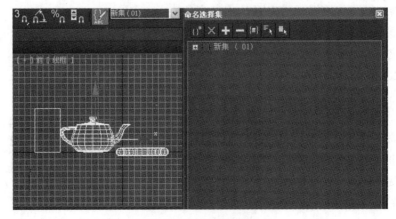

图 3-55 选择集工具

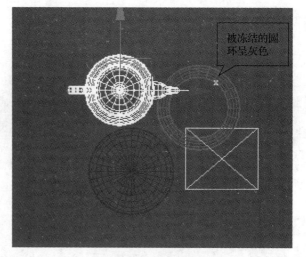

被冻结的圆环呈灰色

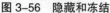

图 3-56 隐藏和冻结　　　　　　图 3-57 被冻结的对象

而被冻结的对象显示为灰色，不能进行任何编辑。

　　技巧与提示：选择 ▣【显示命令】面板，打开冻结卷展栏，可以按名称对物体进行解冻。

任务 3.3

熟悉 3ds Max 修改器

3.3.1 修改器面板

　　修改器面板，即"修改"面板，是使用修改器时最常用的面板。它由修改器列表、修改器堆栈、修改器控制按钮及参数列表几部分组成，如图 3-58 所示。

　　① 修改器列表　单击该下拉列表框会弹出修改器下拉列表。在下拉列表中单击要添加的修改器，即可将该修改器应用于当前对象。

　　② 修改器堆栈　修改器堆栈用于显示和管理当前对象使用的修改器。拖动修改器在堆栈中的位置，可调整修改器的应用顺序（系统先应用堆栈底部的修改器），从而更改对象的修改效果；右击堆栈中修改器的名称，通过弹出的快捷菜单可以剪切、复制、粘贴、删除或塌陷修改器。

　　③ 修改器控制按钮　该区的按钮用于锁定修改器堆栈的显示状态（使堆栈内容不随所选对象的改变而改变。默认情况下，每个对象化都有对应的修改器堆栈。所选对象不同，修改器堆栈的内容会相应改变）、控制修改器修改效果的显示方式（显示所有修改器的修改效果或只显示底部修改器到当前修改器的修改效果）、断开对象间的实例（或参考）关系、删除修改器和配置修改器集（即如何显示和选择修改器）。

　　④ 参数列表　该区显示了修改器堆栈中当前所选修改器的参数，利用这些参数可以

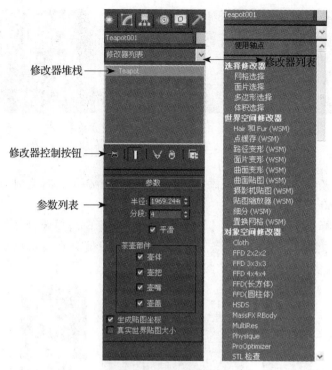

图 3-58   修改器面板

修改对象的显示效果。

3.3.2   常用二维图形修改器

（1）可编辑样条线

① 转换为可编辑样条线的方法   视图中创建二维图形，在修改器列表中选择编辑样条线修改器；或者选中物体，按住鼠标右键，从弹出的快捷菜单中选择【转换为可编辑样条线】菜单项，如图 3-59 所示，但通过此方法将曲线转化为可编辑样条线后，曲线原来的参数将被删除，因此不能再通过修改参数来编辑曲线。

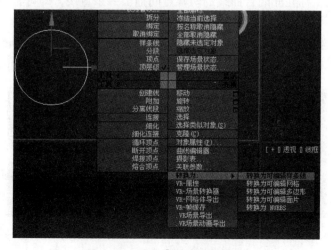

图 3-59   打开【可编辑样线条】

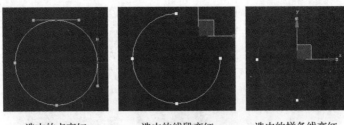

| 选中的点变红 | 选中的线段变红 | 选中的样条线变红 |

图3-60　可编辑样条线的层级

② 可编辑样条线的层级　将圆添加可编辑样条线后，可将其变成点、线段、样条线来编辑，如图3-60所示。

③ 附加　选择一个图形，按下【附加】按钮，鼠标单击想要合并的图形，就可以将多个二维图形合并到同一可编辑样条线中。附加前，只能分别编辑每个物体的点；附加后，可以同时编辑多个物体的点，如图3-61所示。

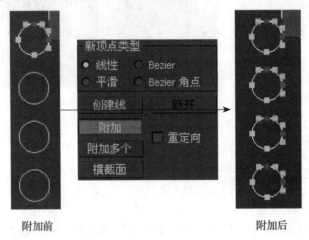

附加前　　　　　　　　　　　　　　　　　　附加后

图3-61　附　加

④ 连接　设置可编辑样条线的修改对象为"顶点"，单击"几何体"卷展栏中的【连接】按钮，然后用鼠标在非闭合曲线的两端点间拖出一条直线，即可将曲线的两端点用一条线段连接起来，如图3-62所示。

⑤ 焊接　框选要焊接的两个相邻端点，保证两端点间的距离小于设置的焊接阈值，单击焊接按钮，可以将两点焊接为一个点。或者设置可编辑样条线的修改对象为"顶点"，

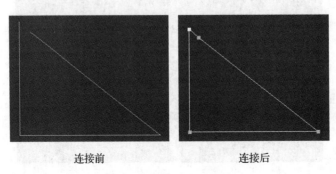

连接前　　　　　　　　　　　　　　连接后

图3-62　连　接

选中"自动焊接"复选框，然后调整"阈值距离"编辑框的值，再拖动一个样条线的某一端点靠近另一样条线的某一端点，当两端点间的距离小于阈值距离时，系统会自动将这两个端点焊接为一个顶点。

⑥ 优化加点　选择物体，设置可编辑样条线的修改对象为"线段"，单击"几何体"卷展栏中的【优化】按钮，可以为线段加点，且不改变曲线形状。

⑦ 拆分加点　选择物体，设置可编辑样条线的修改对象为"线段"，单击"几何体"卷展栏中的【拆分】按钮，并调整数量值，可以为线段同时加多个点。

⑧ 圆角和切角　选择物体，设置可编辑样条线的修改对象为"顶点"，单击"几何体"卷展栏中的【圆角】（或【切角】）按钮，然后单击任一选中顶点并向上拖动，即可对选中顶点进行圆角或切角处理，如图 3-63 所示。

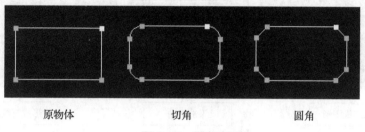

图 3-63　圆角和切角

⑨ 轮廓　设置可编辑样条线修改对象为"样条线"，并选中要创建轮廓的样条线（选中的变红），单击"几何体"卷展栏中的【轮廓】按钮，然后在任一样条线上按住鼠标拖动一段距离，即可为所选样条线创建轮廓曲线，如图 3-64 所示。

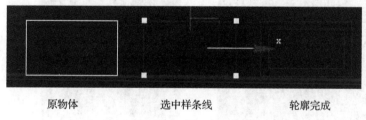

图 3-64　轮　廓

（2）挤出

可以将二维图形沿自身 Z 轴拉厚为三维模型，如图图 3-65、图 3-66 所示，对圆形和矩形分别执行【挤出】命令，修改挤出数量为 2000mm，得到圆柱体和长方体。

图 3-65　参数设置

图 3-66　挤出效果

技巧与提示：有断开的点、有重复的线、点不在一个平面上以及图形中线自交叉都会导致挤出命令出错。

（3）倒角

倒角修改器也是通过拉伸操作将二维图形变成三维模型，不同的是倒角修改器可以进行多次拉厚，而且在拉伸的同时可以缩放曲线，产生倒角面，如图3-67、图3-68所示。

在场景中绘制一个二维图形，在修改器列表中为其添加倒角。修改倒角参数，高度参数是截面挤出的高度，轮廓参数是截面的倾斜，最终形成一个三维对象。

绘制二维图形　　　　　　添加倒角　　　　　　形成三维面

图3-67　倒　角

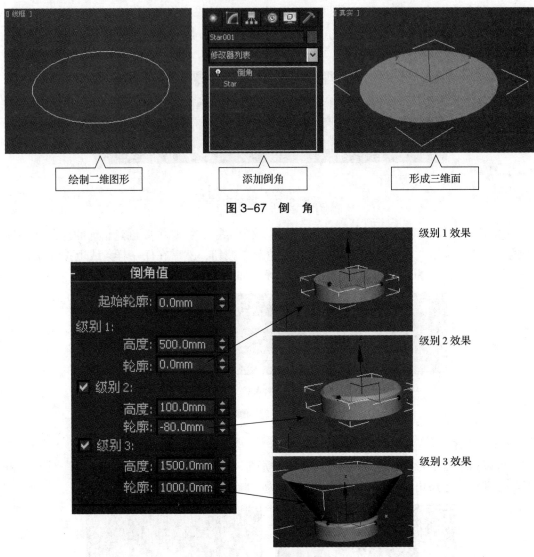

图3-68　参数设置与效果

（4）倒角剖面

① 需要一个截面，一个路径，都是二维图形。

② 给路径加修改器，拾取截面，形成三维对象。

③ 修改路径和截面都可以修改模型。

④ 必须先右键塌陷模型（将对象转换为可编辑多边形），才能删除截面。

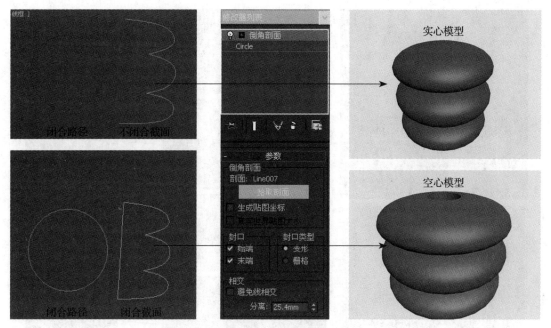

图 3-69　实心模型与空心模型

⑤ 路径闭合，截面也闭合，得到的模型是空心的；路径闭合，截面不闭合，得到的模型是实心的，如图 3-69 所示。

（5）车削

绘制一个二维图形，如图 3-70 所示，将其沿着某个轴线旋转一定的度数，可以形成新的三维对象。如图所示绘制二维线型作为路径，添加车削修改器，度数为 360°，对齐方式为"最小"，勾选"翻转法线"和"焊接内核"，得到苹果模型。方向：设置按哪一个轴旋转；对齐：设置旋转的中轴线。

技巧与提示：对齐方式的选择：以图形左边线为中轴旋转选择"最小"，以图形中线为中轴旋转选择"中心"，以图形右边线为中轴旋转选择"最大"。

3.3.3　典型三维修改器

（1）锥化

用于沿对象自身的某一坐标轴进行锥化处理，即可以使一端放大，而另一端缩小。如图 3-71 所示，将长方体添加锥化修改器，可以通过调整不同参数变成各种形状。

技巧与提示：进行锥化修改时，三维对象在锥化轴方向的分段要大于 1，否则"曲线"值将无法影响锥化效果。

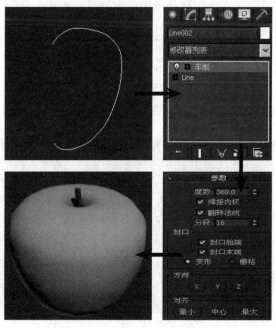

图 3-70　车　削

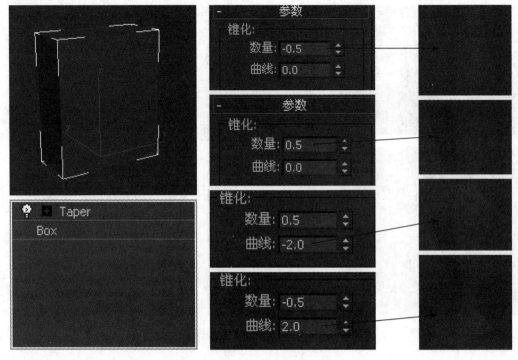

图 3-71 锥 化

（2）弯曲

用于将对象沿自身某一坐标轴弯曲一定的角度，创建一个长方体，高分段数为 5，添加弯曲修改器，调整角度参数，效果如图 3-72 所示。利用弯曲修改器"参数"卷展栏"限制"区中的参数可以限制弯曲修改的效果。其中，"上限"表示上部限制平面与修改器中心的距离，不能为负数；"下限"表示下部限制平面与修改器中心的距离，不能为正数；限制平面内的部分产生指定的弯曲效果，限制平面外的部分不进行弯曲处理，使用方法如图 3-72 所示。

（3）扭曲

用于沿对象自身的某一坐标轴进行扭曲处理，使用方法如图 3-73 所示。

（4）网格平滑

为三维对象添加网格平滑修改器，可以使三维对象的边角变圆滑。细分量中"迭代次

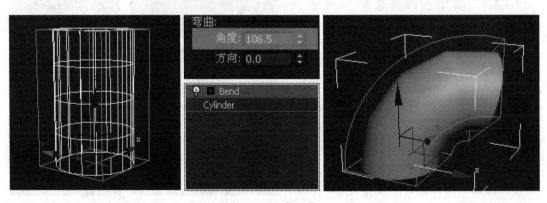

图 3-72 弯 曲

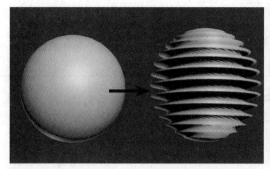

图 3-73　扭　曲

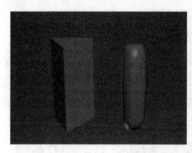

图 3-74　网格平滑

数"越高，网格平滑的效果越好，但系统的运算量也成倍增加。

在视图中创建一个三棱锥，为其添加【网格平滑】命令，效果如图 3-74 所示。

（5）编辑多边形

选中茶壶，打开"修改"面板中的"修改器列表"下拉列表，为三维对象添加"编辑多边形"修改器，即可调整"修改"面板中的参数来编辑它的顶点、边、边界、多边形、元素等子对象，如图 3-75 所示。

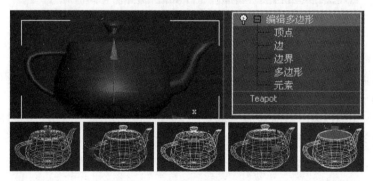

选中的点变红　　选中的边变红　　选中的边界变红　　选中的面变红　　选中的元素变红

图 3-75　编辑多边形

技巧与提示：选中要进行多边形建模的三维对象，从弹出的快捷菜单中选择"转换为：可编辑多边形"菜单项也可将其转化为可编辑多边形，但是，与添加编辑多边形修改器相比，对象的性质发生改变，无法再利用其创建参数来修改对象。

任务 *3.4*

掌握 3ds Max 材质编辑器

3.4.1 材质面板

材质可以看作对象的皮肤，将对象的颜色（固有色、环境色、高光色、过滤色）、纹理（花纹排列）、质感（高光强度范围、光滑程度）、物理属性（自发光、不透明度、凹凸、反射、折射）等效果更加真实地展示出来。

在 3ds Max 2012 工具栏中点击【材质编辑器】按钮，打开材质编辑器的面板，选择精简模式。主窗口组成包括：示例窗、水平工具栏、垂直工具栏、材质名称类型和参数展示栏。每个小的方形窗口代表一个材质，各种效果都可以在材质示例窗显示出来，每次调整都很直观、方便，如图 3–76 所示。

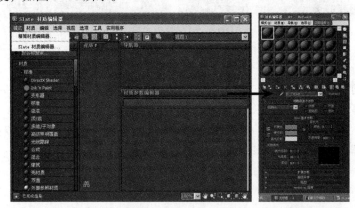

Slate 模式　　　　　　　　　精简模式

图 3–76　材质编辑器

（1）示例窗

在示例窗中激活一个材质球，单击右键，可以调整材质球显示数量，默认为 3×2，还可以调为 5×3、6×4。当前被激活的材质球有白色的边框，使用过的材质球边框有白色切角，而且可以表现材质的实际样式，如图 3–77 所示。

（2）垂直、水平工具栏（图3–78）

未使用材质球　　　使用的材质球　　　激活的材质球

图 3–77　示例窗

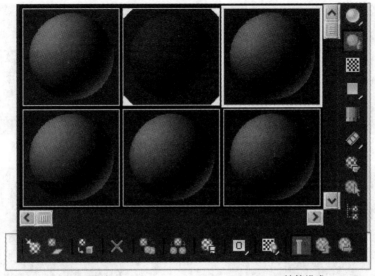

slate 模式　　　　　　　　　　精简模式

图 3-78　垂直、水平工具栏

（3）材质的基本参数

材质的几种基本属性包括环境光颜色、漫反射颜色、高光颜色、自发光和不透明，如图 3-79 所示。环境光颜色是对象在阴影中的颜色，漫反射颜色是对象在直接良好的光照条件下的颜色。

激活一个材质球，单击漫反射右边的颜色调色框，调整漫反射使其变为蓝紫色，调整高光级别、光泽度、自发光和不透明度参数后，效果如图 3-80 所示。

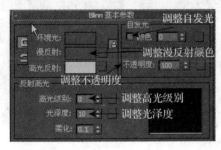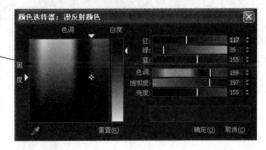

图 3-79　参数设置

（4）其他参数

这里主要介绍最常用的贴图通道。点击贴图前面的加号，将其展开，对常用的贴图方式进行介绍，如图 3-81 所示。

① 漫反射贴图　为漫反射颜色选择位图文件，贴图的颜色及纹理将替换材质的漫反射颜色。这是最常用的贴图种类。

通过漫反射贴图为桌面添加一个桌布贴图，并添加 UVW 贴图坐标，方法如下：单击漫反射颜色右面的【None】按钮，弹出贴图浏览器，双击位图，按照文件路径可为其添加外部布料图片作为桌面的纹理，效果如图 3-82 所示。

② 环境光颜色　控制环境光贴图的不透明度。

③ 自发光　用贴图代替自发光颜色变化，用此贴图时需选中"自发光开关"。

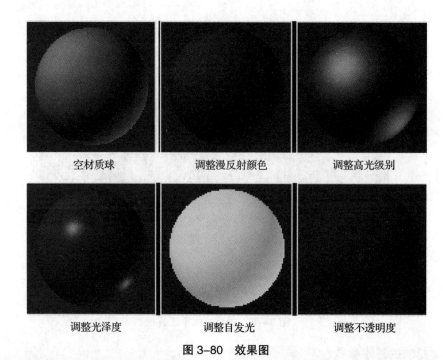

空材质球　　　　　　调整漫反射颜色　　　　　　调整高光级别

调整光泽度　　　　　　调整自发光　　　　　　调整不透明度

图 3-80　效果图

图 3-81　其他参数

④ 不透明度　用贴图代表不透明变化，浅色区域渲染为不透明；深色区域渲染为透明；之间的值渲染为半透明。将不透明度贴图的数量设置为 100，可完全应用贴图效果，透明区域将完全透明。数量设置为 0，相当于禁用贴图。使用此贴图通道，可以制作透空贴图效果，方法如下：在漫反射通道中添加一张彩色树木贴图，在不透明度通道中添加一张黑白贴图，赋予场景中的平面，图片上黑色部分被遮罩，白色部分显示出来，如图 3-83 所示。

⑤ 凹凸　使对象的表面看起来凹凸不平或呈现不规则形状。用凹凸贴图材质渲染对象时，贴图较明亮（较白）的区域看上去被提升，而较暗（较黑）的区域看上去被降低，凹凸值越大，效果越明显，如图 3-84 所示。

⑥ 反射　用贴图代替反射物体表面反射的景物。使用此贴图时，物体需具有反射材质。

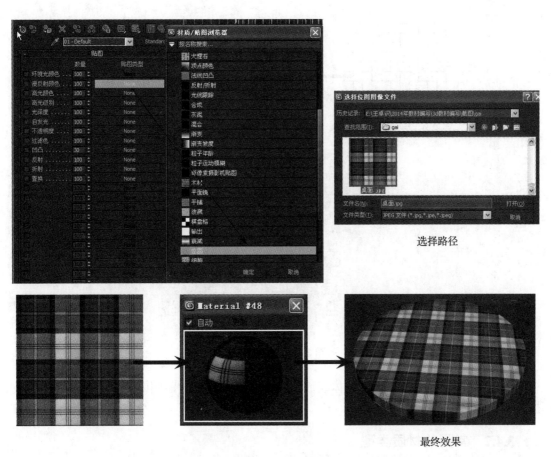

选择路径

最终效果

图 3-82 漫反射贴图

图 3-83 制作透空贴图效果

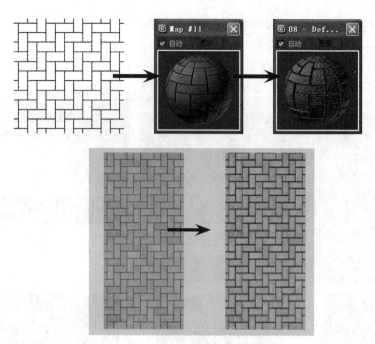

图 3-84　凹凸效果

　　⑦ 折射　用贴图代替折射物体表面折射的景物。使用此贴图时，物体需具有透明及折射材质。

3.4.2　常用的材质类型

　　打开材质编辑器，如图 3-85 所示，单击【Standard】按钮，打开【材质／贴图浏览器】，对一些常用材质的参数进行介绍。

图 3-85　打开【材质／贴图浏览器】

　　（1）混合材质
　　混合材质是通过一定的百分比混合两种不同的材质。
　　（2）合成材质
　　合成材质是先确定一种材质作为基本材质，然后选择其他类型的材质与基本材质进行组合的一种复合材质。

（3）双面材质

双面材质就是在物体表面的两面指定两种不同的材质，同时还可以控制它们的透明程度。效果如图 3-86 所示，将茶杯外赋予红色，茶杯里面赋予蓝色。

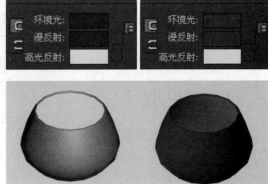

图 3-86 双面材质

（4）不可见阴影材质

被指定了不可见阴影材质的物体在最后渲染时不出现在场景中，但它可以消除物体上被它遮挡的区域，显示出背景。

（5）变形材质

变形材质可以将多种材质组合在一起，以表现不同的效果。

（6）多维子对象材质

通过子物体材质可以将多种材质组合在一起，分别指定给同一物体的不同子物体选择级别，从而表现出多种材质位于同一物体上的效果。如图 3-87 为将长方体赋予多维子材质后的效果。

（7）光线跟踪材质

光线跟踪材质是一种比标准材质更为优秀的材质，它不但具备标准材质的所有特性，

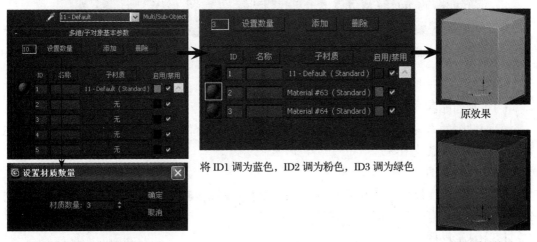

调整多维子材质球数量为 3 个   赋材质后效果

图 3-87 多维子对象材质

还可以制作出一些诸如颜色浓度、荧光等特殊的效果，尤其在制作反射和折射效果方面比Reflet/Refract（反射／折射）贴图更为精确。

（8）叠加材质

叠加材质是将两种不同的材质通过一定的比例进行叠加而形成一种复合材质。

（9）顶/底材质

顶／底材质可以给物体的顶部和底部赋予不同的材质。顶、底材质交界的地方可产生浸润效果，两种材质所占比例可以调节。至于哪部分是顶、哪部分是底，这就取决于物体相对于世界坐标系或物体自身坐标系的 Z 轴的方向。

3.4.3 贴图坐标

UVW 贴图坐标（U 是水平维度，V 是垂直维度，W 是深度）指的是对象上贴图的位置、方向及大小。长、宽、高参数控制贴图纹理比例，各种类型贴图坐标方式的效果如图 3-88 所示。

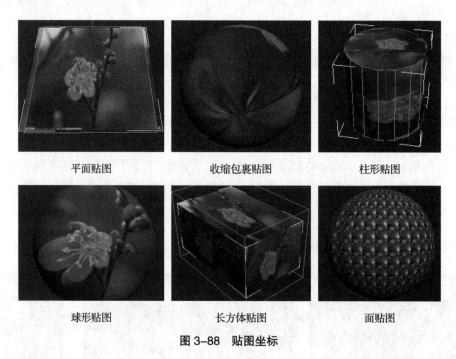

平面贴图　　　　　　收缩包裹贴图　　　　　　柱形贴图

球形贴图　　　　　　长方体贴图　　　　　　面贴图

图 3-88　贴图坐标

（1）平面贴图

平面贴图的 Gizmo 表示的是位图准确的投影范围不会使二维图像产生扭曲，但它会在物体的侧面产生条纹图案。

（2）柱形贴图

表示位图高度尺寸，也就是 V 轴向上的尺寸。贴图投影会在柱体的上下表面产生条纹或旋涡的图案，打开"Cap"项可避免。

（3）球形贴图

贴图的 Gizmo 物体尺寸对最后的贴图效果没有影响，如果移动或不均匀的放缩会影响到最后效果。

（4）收缩包裹贴图

收缩包裹贴图是球形贴图的一种变形，使用这种方法位图图像的 4 个角被切除，然后将物体包裹，最后位图的边都聚集到物体的底部，所以会在底部产生变形。

（5）长方体贴图

从 6 个方向使用平面贴图，缩放 Gizmo 物体也就是缩放了最终的贴图。

（6）面贴图

可以将位图投影到能够被 Unwrap UVW 编辑修改器所编辑的所有表面，Unwrap UVW 修改器可以使我们在 UVW 空间内编辑贴图坐标。

（7）XYZ to UVW

针对 3D 程序类贴图而设计的一种投影类型，这种效果是选择 XYZ to UVW 的贴图投影的结果，可以使 3D 程序类的贴图跟随物体表面的变化而变化。

任务 *3.5*

掌握 3ds Max 灯光、摄像机、渲染场景

3.5.1　3ds Max 灯光

场景中打灯光的作用是烘托和影响周围的物体表面的光泽，色彩，亮度。

（1）光源类型

① 泛光灯　能照亮它所包含的范围，照射方向从一点向四周均匀发散。

② 目标聚光灯　一种投射光束，影响光束内被照射的物体，可以投影阴影，照射范围可以指定。

③ 自由聚光灯　没有投射目标的聚光灯，通常用于运动路径上，照射范围可以指定。

④ 目标方向光　可以发散出平行光束的灯光，通常用于模拟日光的照射，并且可以指定目标点的运动。

⑤ 自由方向光　发散平行光束，只是没有目标点可以调节。

（2）灯光参数（图3-89）

① 强度　灯光的明暗程度，可调节倍增值，值越大越亮。

② 颜色　默认的灯光是不带任何颜色的。通过改变灯光的颜色，可以模拟出各种照明效果。

③ 衰减区　光照由明到暗直至消失的范围。

④ 聚光区　光照的范围。

⑤ 阴影　可以调颜色、深浅、边缘。

（3）三点照明理论

灯光设置要围绕摄像机创建。摄像机确定效果图的表现角度，灯光的创建主要以摄像机的视觉范围为准，在场景中主要创建 3 种光：一是主光源；二是环境光；三是补光（也可称为背光）。对于不在表现范围内的区域可以不必布光。

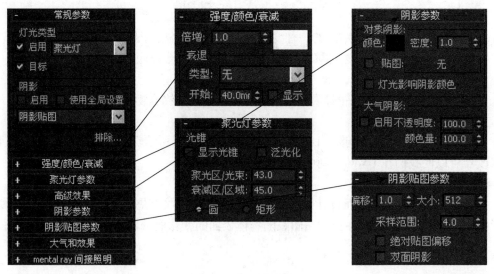

图 3-89　灯光参数

① 创建主光　对于室外园林效果图来说，主光可以看作太阳，在顶视图创建一个聚光灯或目标平行光，与摄像机（或视角）所呈的夹角为 15°～45°，目标点指向主题物体。在侧视图向上移动光源（出发点），使它高出摄像机一些，根据渲染效果适当调整，保证主光能够照射摄像机范围内的大部分场景。灯光与物体的关系，好比太阳和地面，灯光与物体距离越远，照亮的范围就越大。灯光与物体表面所呈夹角（入射角）越小则它的表面显得越暗，夹角越大则表面越亮。主光源的光线衰减范围大些，可使光线柔和一些。

② 创建环境光　环境光是场景中相对次要的光源，起辅助作用，可以使用聚光灯、泛光灯，环境光不一定是一盏，也可能是多盏。方向从顶视图看要和主光相对，和物体保持类似高度，亮度要降低一些，大约为主光的 1/2，如果使用多盏环境灯，亮度的总和在主光的 1/8～1/2 之间，颜色应与环境色相协调。

③ 设置补光　对于主光照射不全，又需要强调的对象，可以在物体的后面，添加泛光灯或聚光灯与摄像机（或观察角度）相对，并且要使用光线排除功能只照射暗处。

3.5.2　3ds Max 摄像机

摄像机是 3ds Max 提供的一种确定观察角度的辅助工具，是进行渲染工作的基础。摄像机的位置决定了园林效果图的视觉角度，有了好的角度，才能更好地表现效果图的设计风格及效果。

3ds Max 摄像机可以模拟现实摄像机的工作原理和功能，镜头的更换、变焦等是现实生活中摄像机无法比拟的。同时对于摄像机位置的改变和其焦距、视角、景深的改动均可以制作成动画，以此表现丰富多彩的立体视觉效果。摄像机分为目标摄像机和自由摄像机，如图 3-90 所示。

目标摄像机有两个控制部分，如图 3-91 所示：一个是摄像机点，表示摄像机的位置或人眼睛的位置，它是进行摄像机参数设置和调整的部分；另一个是目标点，位于摄像机的另一端，表示摄像机的观察点位置或人的视点位置，通过移动它，可以确定观察的目标点。

图 3-90　目标摄像机

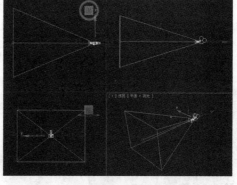

图 3-91　目标摄像机的两个控制部分

　　整个目标摄像机的形状如同四棱锥体，选中摄像机，进入修改面板，可以看到摄像机的"镜头"决定摄像机的焦距和视野范围。镜头越小，焦距就越大，视野范围就越广，如图 3-92 所示。

该数值框确定摄像机的镜头焦距

该值是摄像机的水平、垂直或对角线的视角角度值，左边的确定视野角度是水平、垂直或对角线，镜头与视野是相互关联的

焦距为 135mm

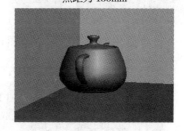

焦距为 50mm

图 3-92　参数设置

3.5.3　3ds Max 渲染场景

　　【渲染场景】对话框用于设置渲染参数，通过它可以设置渲染输出的图片大小及格式。

　　（1）单击■按钮，将对象快速渲染，但没有参数设置框。单击■按钮，打开【渲染场景】对话框。设置好图像渲染的尺寸后单击【保存】按钮，如图 3-93 所示，指定路径和格式后保存。

　　（2）存储的格式有很多种，效果图中常用的有 bmp、jpg、png、tiff 格式等。

　　bmp 格式是 Windows 的图像专用格式，使用该格式的图像质量高、失真度小，可以支持 1 位单色、8 位灰度色和 24 位真彩色。

　　jpg 格式是一种高效的图像压缩格式，在存档时能够将人眼无法分辨的色彩资料删除，以节省储存空间。

　　tiff 格式是一种应用非常广泛的格式，许多平台和应用软件都支持这种格式的图像。

　　在输出效果图时要根据实际需要选择适合的图片格式。对于不需要对细节放大观察的图片可以采用 jpg 格式，对于要求放大处理的图片最好选择 tiff 格式。tiff 格式存储时要在弹出的对话框中勾选"α 通道"，这样方便 Photoshop 后期处理时去除黑色背景，如图 3-94 所示。

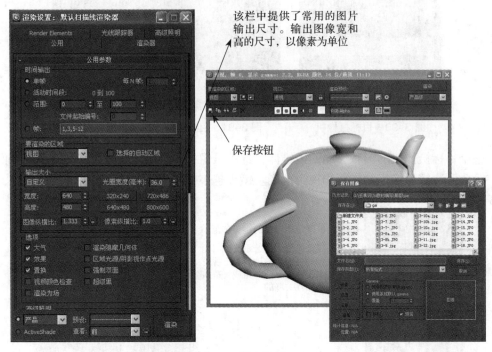

图 3-93　保存设置

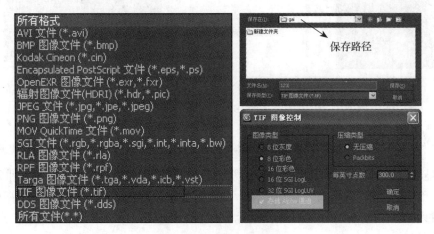

图 3-94　图片存储格式

项目 4
3ds Max 园林设计绘图案例

【教学目标】

（1）了解 3ds Max 在园林建筑小品制作中的作用。

（2）熟悉 3ds Max 制作园林建筑小品的命令与工具。

（3）掌握 3ds Max 制作园林建筑小品的流程与方法。

（4）掌握各类材质的制作方法。

【技能目标】

（1）能熟练使用常用 3ds Max 工具及命令。

（2）能熟练使用二维建模和三维建模方法创建常用园林建筑小品模型。

（3）能对园林园林建筑小品材质和贴图进行编辑操作，并合理设置场景灯光。

（4）能进行渲染设置并渲染出图。

任务 4.1

绘制坐凳效果图

4.1.1 制作长方形坐凳

制作如图 4-1 所示园林坐凳，掌握二维图形修改转三维物体建模方法。

图 4-1　园林坐凳效果

（1）创建坐凳支脚

启动 3ds Max，首先设置绘图环境。打开【自定义】菜单，选择【单位设置】，点击【系统单位设置】按钮，设置系统单位为"毫米"，显示单位为"毫米"，如图4-2、图4-3所示。

图4-2 单位显示设置

图4-3 系统单位设置

① 进入【创建】工具面板，选择【图形】创建面板下的【矩形】工具，在前视图中创建如图4-4所示图形。底边长为200mm，高为400mm，缺口底边为80mm，高为60mm。在激活的视口中点击键盘上的G键可以显示或隐藏网格。

② 选中当前所做图形，切换到【修改】命令，在修改器列表中选择【挤出】命令，设置数量为400mm（图4-5），得到如图4-6所示坐凳支脚。

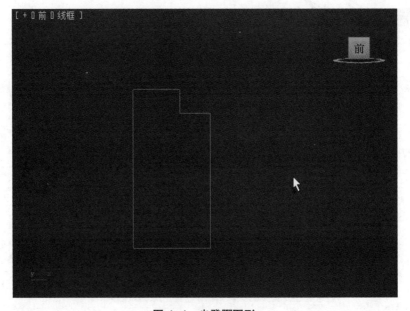

图4-4 坐凳脚图形

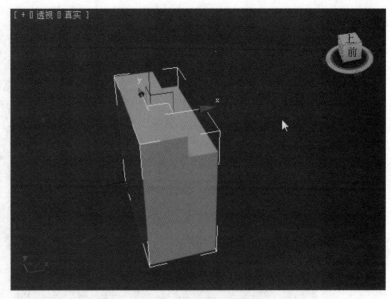

图 4-5　挤出参数　　　　　　　　　　　图 4-6　挤出后的坐凳支脚

③ 在前视图中选中坐凳支脚，在工具栏中选择【镜像】工具，在对话框中选择镜像轴为 X 轴，偏移数值为 1600mm，克隆当前选择为"实例"，对原有物体进行镜像复制。

（2）创建坐凳面

① 打开捕捉工具，选择为 2.5 维捕捉，设置捕捉选项为"顶点"方式，在顶视图中使用矩形工具通过捕捉方式创建矩形。使用【挤出】命令，设置挤出数量为 50mm，在前视图中使用【移动】工具移动到坐凳支脚顶部（图 4-7）。

② 在顶视图中使用移动工具沿 Y 轴向下移动复制刚才创建的坐凳木条，创建出坐凳面（图 4-8）。

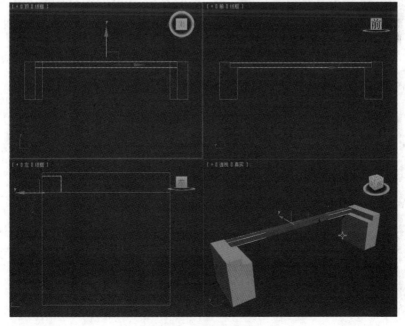

图 4-7　创建坐凳面

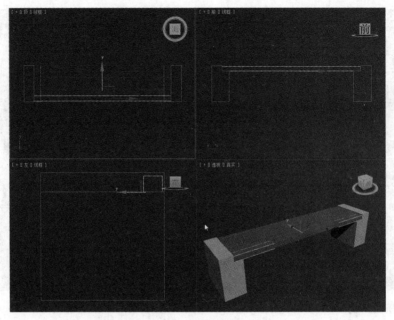

图 4-8　坐凳面创建完成

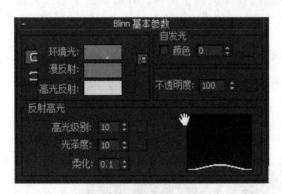

图 4-9　Blinn 基本参数

（3）坐凳材质制作

① 坐凳支脚材质

a. 打开材质编辑器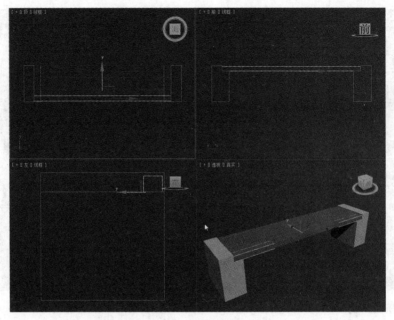，点击【模式】菜单，选择【精简材质编辑器】。选择一个空白样本球，将其命名为"坐凳支脚"。

b. 在【Blinn 基本参数】对话框中设置相应参数，如图 4-9 所示。

c. 在【贴图】对话框中给"漫反射颜色"右侧的长条形按钮指定"花岗岩 .jpg"贴图文件（图 4-10）。

图 4-10　贴图卷展栏参数与贴图文件"花岗岩 .jpg"

d. 在视图中选择坐凳支脚，点击【材质编辑器】对话框中工具行上的 ▨ 按钮，将编辑好的材质赋给被选中物体。

　　e. 选中坐凳支脚，在修改器下拉列表中选择"UVW 贴图命令"，设置参数如图 4-11 所示。

　　② 坐凳面材质

　　a. 在材质编辑器对话框中选择一个空白样本球，将其命名为"木材"。

　　b. 在【Blinn 基本参数】对话框中设置"高光级别"数值为10，"光泽度"数值为 20，给漫反射颜色通道指定"木纹 .jpg"的贴图文件。

　　c. 在视图中选中坐凳面全部物体，将"木材"材质赋予被选中对象。

　　d. 使用【UVW 贴图】命令调整贴图显示。

　　技巧与提示：为物体赋予材质后，往往发现纹理有错误，这是由于贴图坐标不正确导致的。对于放样、布尔运算等方法创建生成的物体，在进行贴图时往往出现纹理不正确、贴图不能正常显示的问题，为了得到正确的贴图纹理效果，常使用【UVW 贴图】修改命令进行调整。

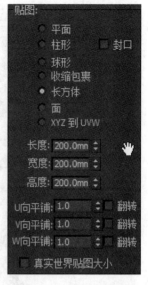

图 4-11　UVW 贴图参数

4.1.2　制作圆形树池坐凳

　　制作如图 4-12 所示圆形树池坐凳，掌握二维图形及三维实体结合建模方法。

图 4-12　圆形树池坐凳

（1）创建树池

　　① 重新设置系统的单位。单击【自定义】→【单位设置】菜单，在弹出的对话框中设置系统单位为"毫米"。按 G 键隐藏视口网格线。

　　② 单击【创建】→【图形】面板中的【圆环】，在顶视图中创建一个"半径 1"数值为 1200mm，"半径 2"数值为 1000mm 的圆环，将其命名为"树池沿"。

　　③ 在修改命令面板中选择【倒角】，对当前对象进行倒角操作，设置其参数"级别 1"→"高度"数值为 580mm，"级别 2"→"高度"数值为 20mm，"轮廓"数值为 –20mm（图 4-13）。

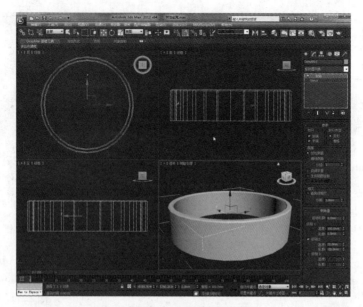

图 4-13 树池沿完成效果

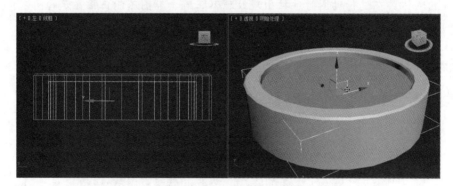

图 4-14 树池完成效果

④ 创建一个半径为 1000mm 的圆形，命名为"种植土"，应用【挤出】命令修改器，挤出数量为 500mm。

⑤ 点击对齐工具▉▉，将"种植土"与"树池沿"进行对齐操作，如图 4-14 所示。

（2）创建树池坐凳支撑

① 在左视图中创建如图 4-15 所示图形，并挤出生成坐凳支撑，挤出数量为 40mm。

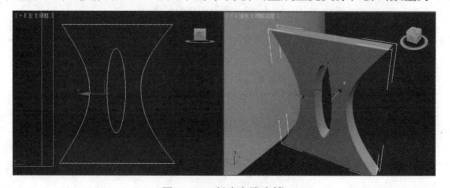

图 4-15 创建坐凳支撑

② 在顶视图中将创建好的坐凳支撑与树池进行对齐操作，然后点击 视图 ▼ ，在下拉列表中选择【拾取】，拾取树池坐标。

　　③ 选择 ↻ 工具，在 视图 ▼ 坐标中选择刚才拾取的树池坐标，按住 ▦ 工具，在弹出的选项中选择 ▮ ，使用变换坐标中心，右键单击 ⌂ 打开角度捕捉设置，设置捕捉角度为 45°。在顶视图中选择刚才创建的坐凳支撑，按住 Shift 键沿 Z 轴进行旋转复制，复制间隔角度为 45°。结果如图 4-16 所示。

　　④ 创建环状支架。在顶视图中创建"半径 1"为 1300mm、"半径 2"为 1500mm 的圆环，在顶视图中用对齐工具中心对齐树池。在左视图中使用移动工具将其移动到坐凳支撑顶部（图 4-17）。

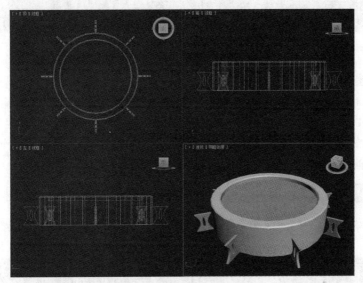

图 4-16　坐凳支持制作完成

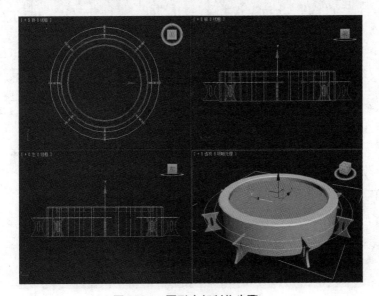

图 4-17　圆形支架制作步骤一

⑤ 选中刚才创建的圆环，在修改器列表中选择【编辑样条线】命令，选择【样条线】层级，选中所有样条线；在下拉对话框中设置"轮廓"数值为30mm。退出【样条线】层级。

⑥ 对刚才所编辑的样条线添加【挤出】命令，数值为30mm。结果如图4-18所示。

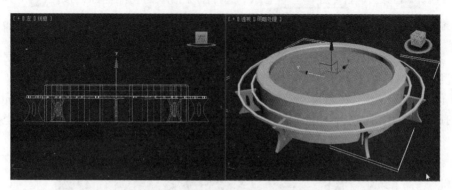

图4-18　圆形支架制作步骤二

（3）制作坐凳面板

① 选择【创建】面板下【扩展基本体】，单击【切角长方体】，在顶视图中创建长、宽、高分别为400mm、100mm、40mm，圆角为10mm的切角长方体，将其命名为"木板条"。

② 对创建好的木板条应用【锥化】修改器。锥化数量为 –0.25，锥化轴主轴为 Y 轴，锥化效果为 X 轴。然后将其移动到如图4-19所示位置。

③ 选择🔄工具，在 视图 ▼ 坐标系统中选择刚才拾取的树池坐标，按住🔽工具，在弹出的选项中选择🔽使用变换坐标中心。选中刚才创建的"木板条"，点击【工

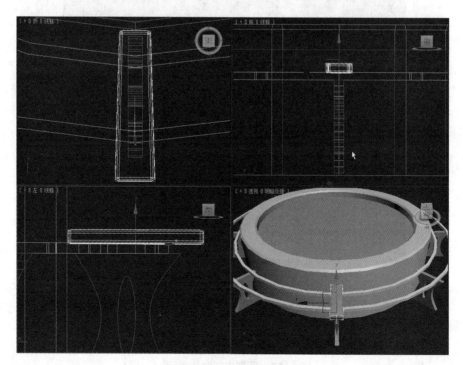

图4-19　木板条制作

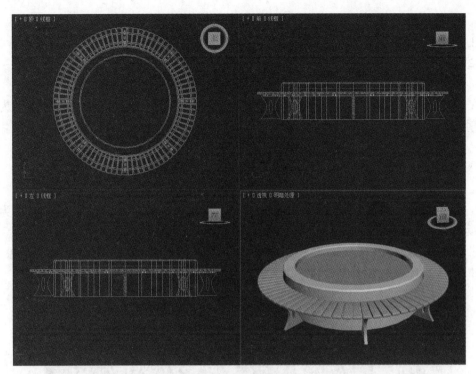

图 4-20　树池坐凳模型

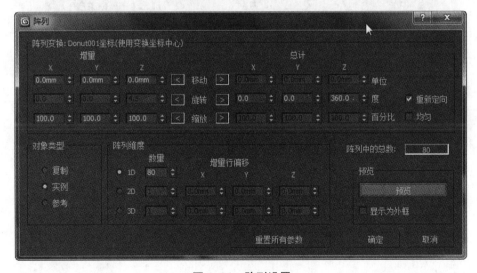

图 4-21　阵列设置

具】菜单，选择【阵列】命令，其参数设置如图 4-20 所示。最终完成树池坐凳模型创建（图 4-21）。

（4）树池坐凳材质制作

① 树池沿材质

a. 在材质编辑器对话框中选择一个空白样本球，将其命名为"石材"。

b. 在【Blinn 基本参数】卷展栏中设置"高光级别"数值为 10，"光泽度"数值为 20，给漫反射颜色通道指定一个名为"石材 .jpg"的贴图文件。

c. 在视图中选中树池物体，将"石材"材质赋予树池沿对象。

d. 使用【UVW 贴图】命令调整贴图显示。

② 坐凳支撑材质

a. 在材质编辑器对话框中选择一个空白样本球，将其命名为"铁艺"。

b. 在【Blinn 基本参数】卷展栏中设置【高光级别】数值为 30，【光泽度】数值为 20，漫反射颜色为（5，5，5）。

c. 在视图中选中坐凳支撑全部物体，将"铁艺"材质赋予坐凳支撑及圆形支架。

③ 坐凳面板材质

a. 在材质编辑器对话框中选择一个空白样本球，将其命名为"木材"。

b. 在【Blinn 基本参数】卷展栏中设置"高光级别"数值为 10，"光泽度"数值为 20，给漫反射颜色通道指定一个名为"木纹 .jpg"的贴图文件。

c. 在视图中选中坐凳面全部物体，将"木材"材质赋予被选中的坐凳面木板对象。

d. 使用【UVW 贴图】命令调整贴图显示。最终完成效果如图 4-22 所示。

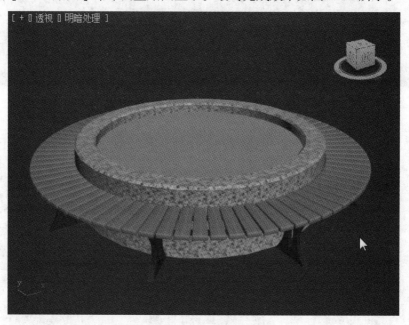

图 4-22　最终效果

任务 *4.2*

绘制景墙效果图

4.2.1　制作园林景墙一

制作如图 4-23 所示园林景墙，掌握放样【Loft】建模的方法。

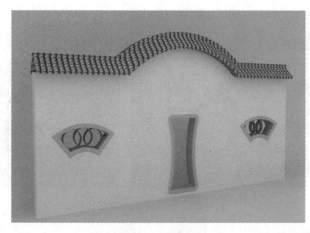

图 4-23　简单景墙

（1）制作景墙墙体

① 启动 3ds Max，首先设置绘图环境。打开菜单，选择【单位设置】，点击【系统单位设置】按钮，设置系统单位为"毫米"。

② 点击【创建】面板，选择创建矩形，在前视图中创建一个长、宽分别为 2500mm、6000mm 矩形作为景墙墙体，将其轮换为样条线，再绘制一个半径为 2000mm 的圆形，修改为如图 4-24 所示的图形。

③ 继续绘制如图 4-25 所示图形，调整到合适位置，并将所有二维图形合并为一个图形。选择【挤出】命令，挤出数量为 240mm。

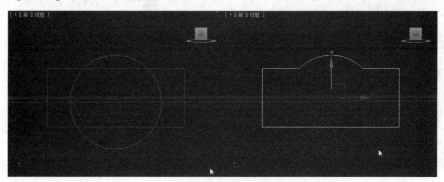

图 4-24　景墙墙体修改

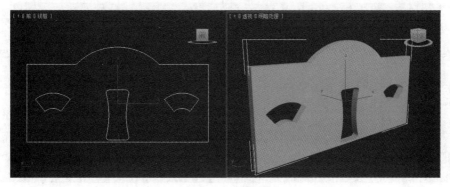

图 4-25　生成墙体

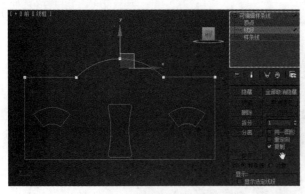

图 4-26　创建墙顶放样路径

（2）制作景墙墙顶

景墙的墙顶部分利用放样的方式进行创建。

① 选中景墙墙体，在【修改器堆栈】中回到【线段】层级，选中墙体顶部的线段，勾选在【线段】层级下"分离"参数的"复制"选项，点击【分离】按钮，弹出【分离】对话框，将其命名为"墙顶放样路径"（图 4-26）。

② 在左视图中使用【线】工具绘制墙顶剖面线，修改为如图 4-27 所示。

③ 选中"墙顶放样路径"，在【复合对象】中单击【放样】，在下面的卷展栏中点击【获取图形】，在视图中点击墙顶剖面线，生成墙顶（图 4-28）。墙顶生成后不是我们想到的结果，切换到【修改】面板，进入修改器堆栈中【Loft】的【图形】层级，在视图中选中图形，使用【旋转】工具调整放样结果，调整完毕后退出【图形】层级。使用【移动】工具将其放到合适位置（图 4-29）。

（3）制作景墙门洞

① 再次选中景墙墙体，在【修改器堆栈】中回到【样条线】层级，选中景墙门洞部分的样条线，再进行分离，得到景墙门洞造型线。

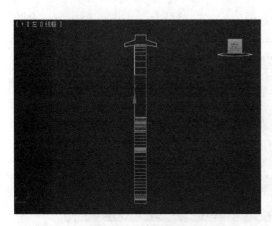

图 4-27　墙顶图形

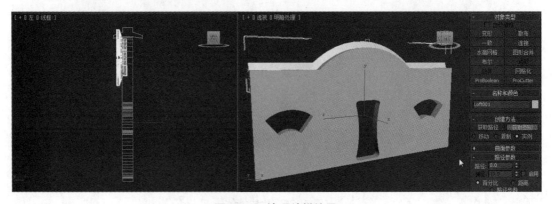

图 4-28　墙顶放样结果

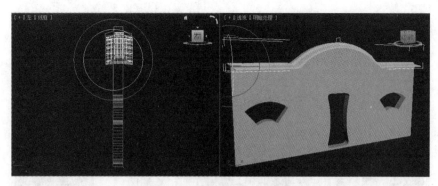

图 4-29　修改墙顶放样图形

② 选择刚才分离得到的线段，切换到【修改】面板，进入【样条线层级】，使用【轮廓】命令对样条线向内部偏移 60mm。

③ 对当前门洞线增加【倒角】修改器，生成门洞造型。然后使用对齐工具与景墙进行对齐操作，得到最终结果（图 4-30）。

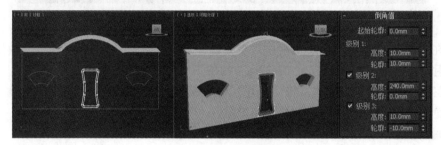

图 4-30　门洞效果

（4）制作景墙窗户

① 重复制作景墙门洞步骤，制作窗洞造型。

② 在窗户上绘制图形，编辑为如图 4-31 所示并挤出，挤出数值为 100mm，然后与景墙对齐，在另一侧复制一个窗户。

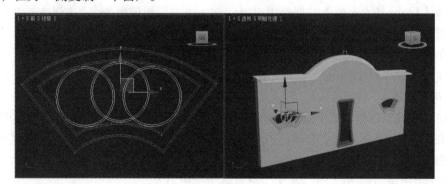

图 4-31　绘制窗格

（5）景墙材质制作

① 景墙顶材质

a. 在【材质编辑器】对话框中选择一个空白样本球，将其命名为"瓦片"。

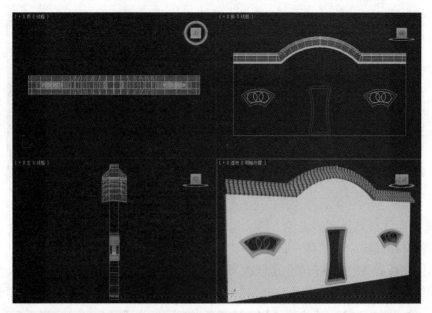

图 4-32　最终制作效果

b. 在【Blinn 基本参数】卷展栏中设置"高光级别"数值为 10，"光泽度"数值为 10，给漫反射颜色通道指定一个名为"瓦 .jpg"的贴图文件。

c. 在视图中选中墙顶物体，将"瓦片"材质赋予景墙顶对象。

d. 使用【UVW 贴图】命令调整贴图显示。

② 墙体材质

a. 在【材质编辑器】对话框中选择一个空白样本球，将其命名为"白墙"。

b. 在【Blinn 基本参数】卷展栏中设置"高光级别"数值为 15，"光泽度"数值为 0，漫反射颜色为（198，200，200）。

c. 在视图中选中景墙墙体，将"白墙"材质赋予选中对象。

③ 窗框材质

a. 在【材质编辑器】对话框中选择一个空白样本球，将其命名为"石材"。

b. 在【Blinn 基本参数】卷展栏中设置"高光级别"数值为 55，"光泽度"数值为 45，给漫反射颜色通道指定一个名为"石 .jpg"的贴图文件。

c. 在视图中选中门洞和窗洞，将"石材"材质赋予被选中对象。

d. 使用【UVW 贴图】命令调整贴图显示。

④ 花窗材质

a. 在材质编辑器对话框中选择一个空白样本球，将其命名为"花窗"。

b. 在【Blinn 基本参数】卷展栏中设置"高光级别"数值为，"光泽度"数值为 0，漫反射颜色为（62，66，71）。

c. 在视图中选中窗格，将"花窗"材质赋予选中对象。

最终结果如图 4-32 所示。

4.2.2　制作园林景墙二

制作如图 4-33 所示的园林景墙，掌握二维图形编辑创建模型的方法。

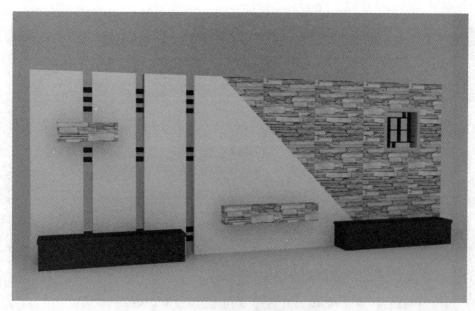

图 4-33　园林景墙

（1）制作景墙墙体

① 重新设定系统。系统单位设为"毫米"。

② 在前视图中创建两个矩形，分别为 3000mm×3500mm、3000mm×1500mm。修改为如图 4-34 所示。

③ 在前视图中创建窗框（800mm×800mm 的矩形）并放到合适位置。在墙体另一侧创建 3 个矩形，将左下侧墙体与 3 个矩形墙体合并，右半墙体与窗框轮廓合并（图 4-35）。

④ 将两部分墙体分别使用【挤出】命令进行修改，挤出数量为 240mm。

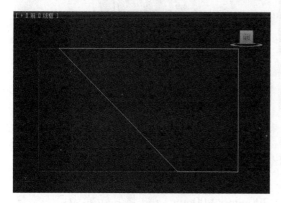

图 4-34　修改矩形

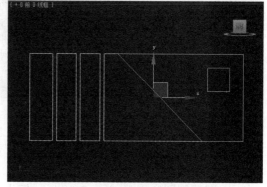

图 4-35　右半墙体与窗框轮廓合并

⑤ 在分离的墙体间创建矩形并挤出，使用【对齐】工具与墙体居中对齐，作为墙体之间的连接（图 4-36）。

（2）创建花窗造型

① 打开【捕捉】工具，在前视图中创建一个与窗框大小一致的矩形，并将其转换为可编辑样条线。

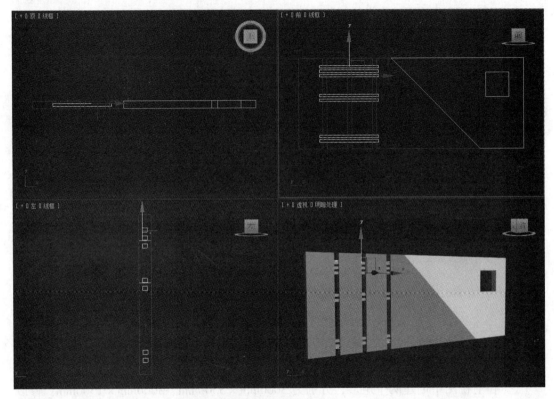

图 4-36　创建墙体

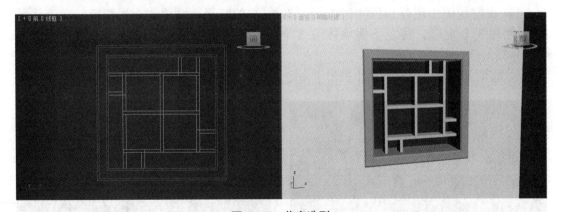

图 4-37　花窗造型

②　使用前面任务所讲授的方法，创建出窗框与花窗格（图 4-37）。

（3）创建挂壁花槽

①　在顶视图中创建如图 4-38 所示矩形（200mm×900mm），并将其转换为可编辑样条线，进入【修改】面板，在【样条线】层级使用【轮廓】依序对样条线进行偏移。然后对编辑完成的图形添加【挤出】命令，挤出的数量为 300mm，然后在花槽底部创建一个长方体作为底板。

②　根据前述方法，制作另一个挂壁花槽。

（4）创建花池

利用前述方法，创建两个花池。如图 4-39 所示。

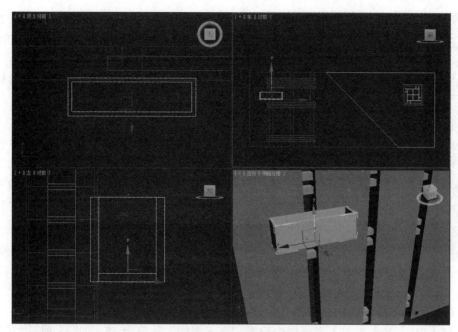

图 4-38　创建挂壁花槽

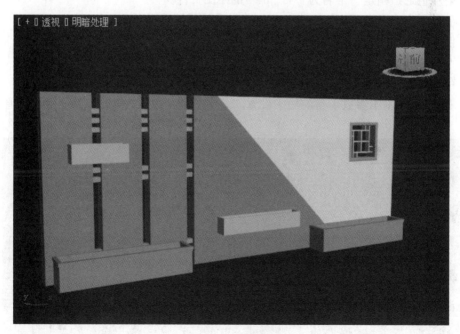

图 4-39　景墙模型

（5）制作景墙材质

① 文化石材质

a. 在【材质编辑器】对话框中选择一个空白样本球，将其命名为"文化石"。

b. 在【Blinn 基本参数】卷展栏中设置"高光级别"数值为 10，"光泽度"数值为 0，给漫反射颜色通道指定一个名为"文化石 .jpg"的贴图文件。

c. 在视图中选中右半部分墙体及挂壁花槽物体，将"文化石"材质赋予景墙顶对象。

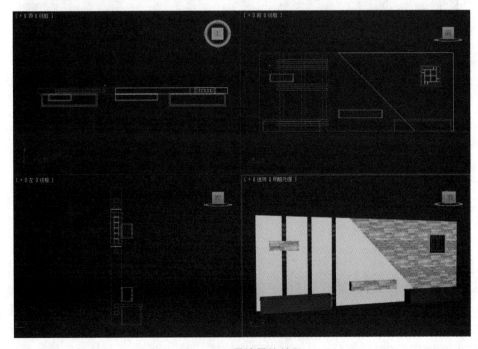

图 4-40　贴图卷展栏设置

d.【贴图】卷展栏中将漫反射颜色通道的贴图复制到凹凸通道，设置凹凸值为 50（图 4-40）。

e. 使用【UVW 贴图】命令调整贴图显示。

② 白墙材质

a. 在【材质编辑器】对话框中选择一个空白样本球，将其命名为"白墙"。

b. 在【Blinn 基本参数】卷展栏中设置"高光级别"数值为 15，"光泽度"数值为 0，漫反射颜色为（210，210，210）。

c. 在视图中选中左侧景墙墙体，将"白墙"材质赋予选中对象。

③ 窗框材质

a. 在材质编辑器对话框中选择一个空白样本球，将其命名为"石材"。

b. 在【Blinn 基本参数】卷展栏中设置"高光级别"数值为 55，"光泽度"数值为 45，给漫反射颜色通道指定一个名为"石 .jpg"的贴图文件。

c. 在视图中选中窗框物体，将"石材"材质赋予被选中对象。

d. 使用【UVW 贴图】命令调整贴图显示。

④ 窗格材质

a. 在【材质编辑器】对话框中选择一个空白样本球，将其命名为"窗格"。

b. 在【Blinn 基本参数】卷展栏中设置"高光级别"数值为 40，"光泽度"数值为 10，

图 4-41　景墙最终效果

漫反射颜色为（5，5，5）。

c.在视图中选中窗格及左侧景墙连接，将"花窗"材质赋予选中对象。

⑤ 花池材质

a.在材质编辑器对话框中选择一个空白样本球，将其命名为"花岗岩"。

b.在【Blinn 基本参数】卷展栏中设置"高光级别"数值为50，"光泽度"数值为30，给漫反射颜色通道指定一个名为"花岗岩 .jpg"的贴图文件。

c.在视图中选中花池物体，将"石材"材质赋予被选中对象。

d.使用【UVW 贴图】命令调整贴图显示。

最终结果如图 4-41 所示。

绘制园桥效果图

4.3.1　制作曲桥

制作如图 4-42 所示曲桥，掌握园桥建模及材质制作方法。

曲桥由三部分构成，分别为桥面、护栏和桥墩。

图 4-42　曲桥效果

（1）制作桥面

① 启动 3ds Max，重新设置系统的单位。单击【自定义】→【单位设置】菜单，在弹出的对话框中设置系统单位为"毫米"，"显示单位比例"为"米"。按 G 键隐藏视口网格线。

② 进入创建【图形】面板，点击【线】，在顶视图中绘制一条折线，线的长度从左到右分别为 5m、3m、9m，将其命名为"桥身"。进入修改面板，打开【样条线】层级，用【轮廓】命令向下偏移 2m（图 4-43）。

③ 将当前图形复制一份，命名为"桥面铺装"。

④ 为"桥身"添加【挤出】命令，挤出数量为 200mm。

⑤ 为"桥面铺装"图形增加【倒角】命令。设置倒角参数【倒角值】→【级别 1】的

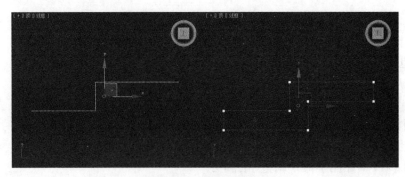

图 4-43　绘制桥身图形

"高度"为 10mm，"轮廓"值为 10mm，【级别 2】的"高度"为 20mm，【级别 3】的"高度"为 10mm，"轮廓"值为 –10mm。将"桥面铺装"与"桥身"进行对齐操作。

（2）制作护栏

①选中"桥身"，进入【线段】层级，勾选【分离】参数下的"复制"选项，选择上下两侧的线段进行分离。

②选中分离得到的图形，进入【样条线】层级，使用【轮廓】命令向内偏移 150mm，再进入【线段】层级，将外侧线段全部删除，保留内侧线段，将其命名为"参照路径"（图 4-44）。

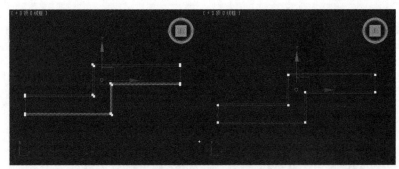

图 4-44　生成"参照路径"

③进入"参照路径"的【样条线】层级，选择一条样条线，将其分离，命名为"参照路径 1"。这样在场景中共有"参照路径"和"参照路径 1"两个图形。

④进入创建【几何体】面板，在几何体下拉列表 标准基本体 ▼ 中选择【AEC 扩展】。点击【栏杆】按钮，在操作面板中点击 拾取栏杆路径 按钮，在视图中点击"参照路径"图形，创建曲桥护栏，并修改栏杆参数（图 4-45）。

⑤如上所述利用"参照路径 1"创建另一侧曲桥护栏，并移动护栏到合适位置。

（3）制作桥墩

①在顶视图中创建 0.2m×0.2m×1.5m 的长方体，将其命名为"桥墩"。

②选中"桥墩"物体，在【工具】菜单中选择【对齐】→【间隔工具】，弹出【间隔工具】对话框。

③点击【拾取路径】按钮，在视图中选择"参照路径"，设置【间隔工具】对话框的参数，得到桥墩（图 4-46）。

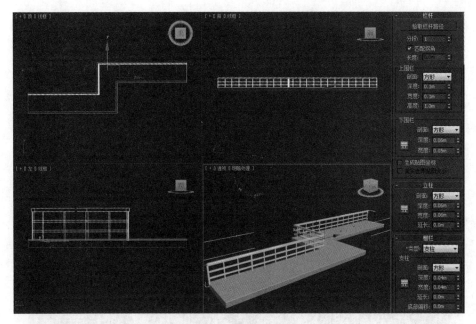

图 4-45　制作一侧护栏

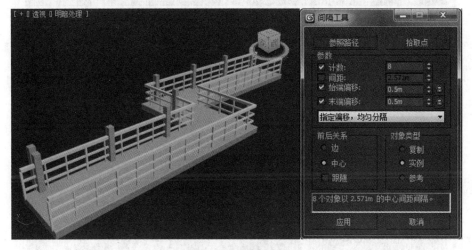

图 4-46　制作桥墩

④ 用同样方法创建另一侧桥墩，并选中所有桥墩物体，将其移动到适当位置。曲桥模型创建完成（图 4-47）。

（4）制作曲桥材质

① 护栏材质

a. 打开【材质编辑器】，在【材质编辑器】对话框中选择一个空白样本球，将其命名为"不锈钢"。

b.【明暗器基本参数】中选择"（M）金属"，在【金属基本参数】卷展栏中设置"高光级别"数值为 135，"光泽度"数值为 90。在【贴图】卷展栏中给反射通道指定"光线跟踪"材质，"反射"数量为 80，在【光线跟踪器参数】卷展栏下给"背景"指定"金属 .jpg"贴图。在【贴图】卷展栏中给"凹凸"通道指定一个"噪波"程序贴图，设置其

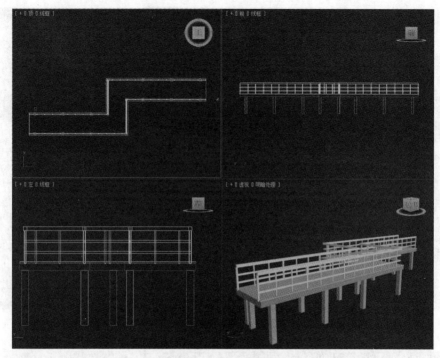

图 4-47　模型创建完成

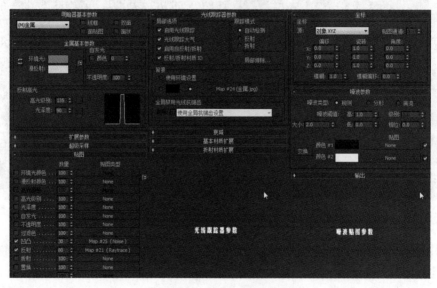

图 4-48　"不锈钢"材质参数

参数（图 4-48）。

　　c. 在视图中选中曲桥护栏，将"不锈钢"材质赋予选中对象。

　　② 桥面铺装材质

　　a. 打开【材质编辑器】，选择一个空白样本球，将其命名为"铺装"。

　　b. 在【Blinn 基本参数】卷展栏中设置"高光级别"数值为 10，"光泽度"数值为 20。
在【漫反射】通道指定"铺地 .jpg"贴图。

　　c. 在视图中选中"桥面铺装"物体，将"铺装"材质赋予选中对象。

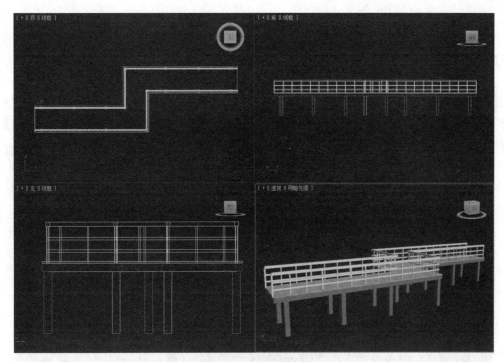

图 4-49　曲桥创建完成

d. 使用【UVW 贴图】命令调整贴图显示。

③ 桥身材质

a. 打开"材质编辑器",选择一个空白样本球,将其命名为"混凝土"。

b. 在【Blinn 基本参数】卷展栏中设置"高光级别"数值为 5,"光泽度"数值为 0。在【漫反射】通道指定"混凝土 .jpg"贴图。

c. 在视图中选中"桥身"与"桥墩"物体,将"混凝土"材质赋予选中对象。

d. 使用【UVW 贴图】命令调整贴图显示。

最终完成结果如图 4-49。

4.3.2　制作园林拱桥

制作如图 4-50 所示园林拱桥,掌握园桥建模及材质制作方法。

图 4-50　拱桥效果

（1）制作拱桥桥体

① 启动 3ds Max，重新设置系统的单位。单击【自定义】→【单位设置】菜单，在弹出的对话框中设置系统单位为"毫米"，"显示单位比例"为"米"。按 G 键隐藏视口网格线。

② 单击【矩形】按钮，在前视图中绘制 3m×20m 的矩形，将其命名为"桥体"。在修改命令面板的【修改列表】下拉菜单中选择【编辑样条线】命令，进入【线段】层级，选择矩形上部线段，在【几何体】卷展栏中设置"拆分"数量为 3，单击【拆分】按钮，选择的线段均分为 4 段；再次选择矩形下部线段，在【几何体】卷展栏中设置"拆分"数量为 9，单击"拆分"按钮，选择的线段均分为 10 段（图 4-51）。

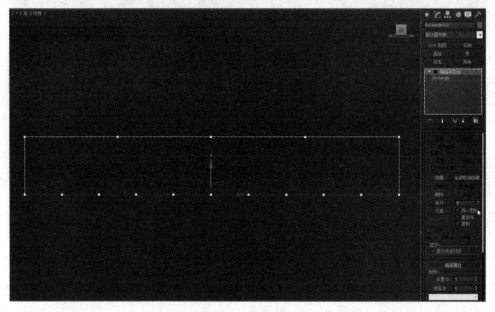

图 4-51 拆分线段

③ 进入【顶点】层级，选择全部的点，单击右键，在右键菜单中选择【角点】，把所有的点转换为角点，调整点的位置，如图 4-52 所示。

④ 选择图中所示顶点，在【几何体】卷展栏中单击【圆角】按钮，对点进行倒圆角，圆角操作完成后，切换到【顶点】层级，选中所有点进行焊接，焊接的阈值设为 0.1m。调整形态如图 4-53 所示。

⑤ 在修改命令面板中添加【挤出】命令，设置挤出数量为 3.5m（图 4-54）。

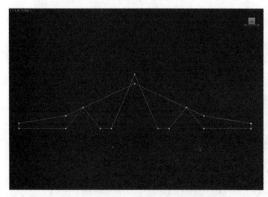

图 4-52 对顶点进行圆角后的效果

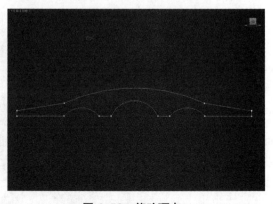

图 4-53 修改顶点

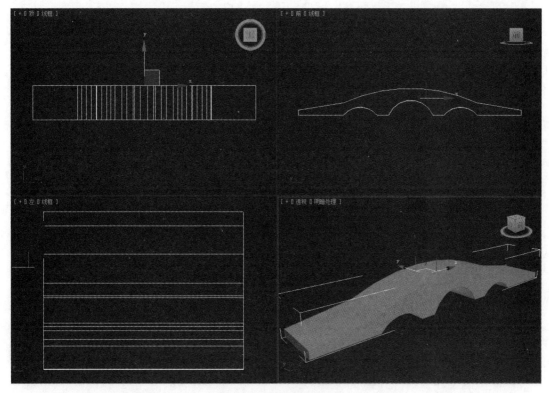

图 4-54　挤出拱桥桥体

（2）制作桥拱

① 选择"桥体"对象，进入【修改】面板，切换到【线段】层级，选中桥拱部分的线段进行分离复制，命名为"桥拱"（图 4-55）。

② 选择"桥拱"图形，进入【样条线】层级，选择全部样条线进行【轮廓】，数量为 0.15m（图 4-56）。

③ 对编辑好的"桥拱"图形添加【倒角】修改器，设置倒角参数【倒角值】→【级别 1】的"高度"为 0.03m，"轮廓"值为 0.03m，【级别 2】的"高度"为 3.5m，【级别 3】的"高度"为 0.03m，"轮廓"值为 –0.03m。将"桥拱"与"桥身"进行对齐操作（图 4-57）。

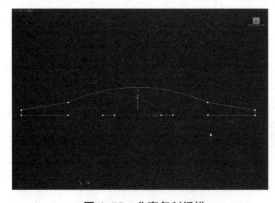

图 4-55　分离复制桥拱

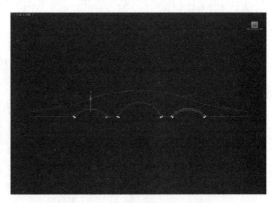

图 4-56　对桥拱线进行"轮廓"

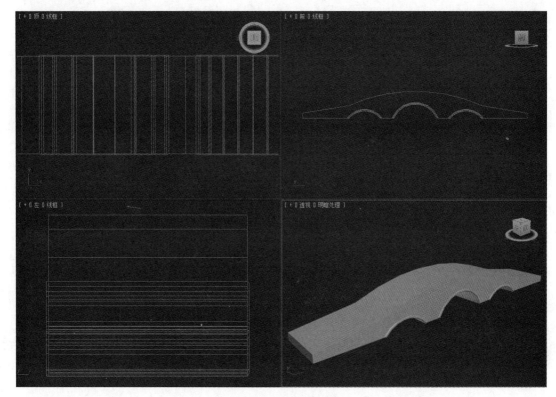

图 4-57　桥拱制作效果

（3）制作拱桥护栏

①进入"桥体"【线段】层级，选择上部的曲线段，勾选【复制】选项，单击【分离】按钮，复制曲线命名为"护板"。将"护板"复制一个，命名为"扶手"。

②选择前面"护板"，进入【样条线】层级，在【几何体】卷展栏中单击【轮廓】按钮，设置轮廓数值为 –0.1m，按 Enter 键确认。在修改器列表中选择【挤出】命令，挤出数量为 0.05m。同样对"扶手"图形进行轮廓，数值为 –0.6m，并对其进行挤出，数量为 0.1m。完成后移动到合适位置（图 4-58）。

③单击【长方体】按钮，在顶视图中创建一个长、宽、高分别为 0.3m、0.3m、1.2m 的长方体，命名为"桥柱"。在【扩展基本体】面板中，单击【切角圆柱体】按钮，创建一个半径为 0.15m、高度为 0.3m、圆角为 0.025m 的圆柱体，作为柱头。调整至合适位置，效果如图 4-59 所示。

④同时选择"桥柱"与"柱头"造型，采用【实例】的方式复制其他桥柱，并调整合适的位置，然后选中全部护栏物体，向拱桥另一侧进行【实例】复制（图 4-60）。

（4）制作拱桥台阶

①台阶模型形状比较简单，在前视图中绘制如图 4-61 所示图形，命名为"台阶"。

②将"台阶"图形挤出，数量为 3.5m（图 4-62）。

（5）制作拱桥材质

①桥体材质

a. 打开【材质编辑器】，选择一个空白样本球，将其命名为"桥体"。

b. 在【Blinn 基本参数】卷展栏中设置"高光级别"数值为 5，"光泽度"数值为 0。

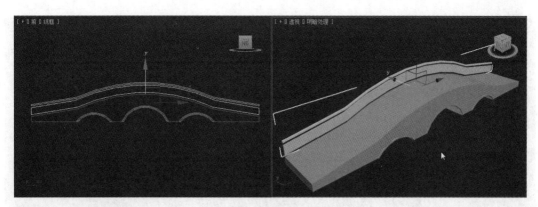

图 4-58　制作护板及扶手

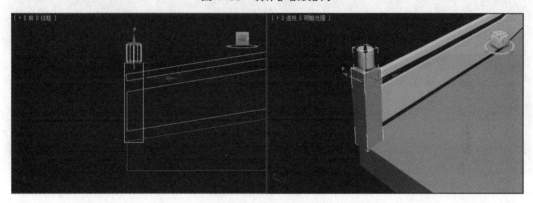

图 4-59　桥柱制作效果

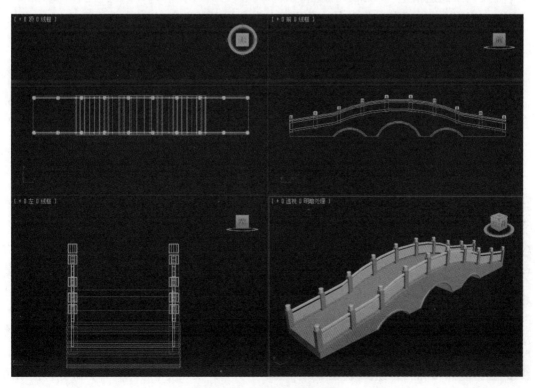

图 4-60　护栏制作完成效果

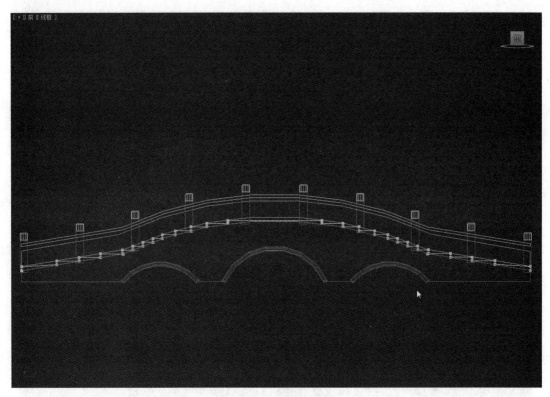

图 4-61　绘制台阶图形

在【漫反射】通道指定"砖 .jpg"贴图。

　　c. 在视图中选中"桥体"物体，将"桥体"材质赋予选中对象。

　　d. 使用【UVW 贴图】命令调整贴图显示。

　　② 桥拱材质

　　a. 打开【材质编辑器】，选择一个空白样本球，将其命名为"桥拱"。

　　b. 在【Blinn 基本参数】卷展栏中设置"高光级别"数值为 20，"光泽度"数值为 10。
在【漫反射】通道指定"花岗岩 .jpg"贴图。

　　c. 在视图中选中"桥拱"物体，将"桥拱"材质赋予选中对象。

　　d. 使用【UVW 贴图】命令调整贴图显示。

　　③ 护栏材质

　　a. 打开【材质编辑器】，选择一个空白样本球，将其命名为"护栏"。

　　b. 在【Blinn 基本参数】卷展栏中设置"高光级别"数值为 55，"光泽度"数值为 45。在【漫反射】通道指定"珍珠灰 .jpg"贴图。

　　c. 在视图中选中护栏所有物体，将"护栏"材质赋予选中对象。

　　d. 使用【UVW 贴图】命令调整贴图显示。

图 4-62　挤出生成台阶

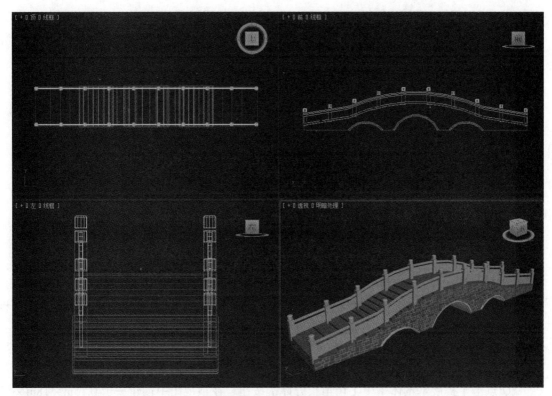

图 4-63　最终模型效果

④ 台阶材质

a. 打开【材质编辑器】，选择一个空白样本球，将其命名为"台阶"。

b. 在【Blinn 基本参数】卷展栏中设置"高光级别"数值为 25，"光泽度"数值为 15。在【漫反射】通道指定"台阶石材 .jpg"贴图。

c. 在视图中选中护栏所有物体，将"台阶"材质赋予选中对象。

d. 使用【UVW 贴图】命令调整贴图显示。

最终效果如图 4-63 所示。

绘制花架效果图

4.4.1　绘制花架

制作如图 4-64 所示的花架。花架分为 3 个部分，分别为立柱、梁、坐凳及梁板。

（1）制作花架立柱

① 启动 3ds Max，重新设置系统的单位。单击【自定义】→【单位设置】菜单，在弹出的对话框中设置系统单位为"毫米"，"显示单位比例"为"米"。按 G 键隐藏视口网

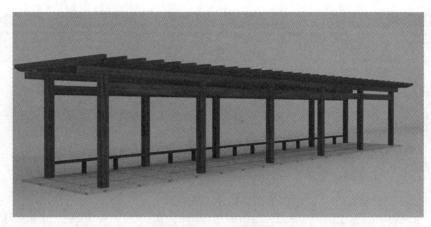

图 4-64　花架效果

格线。

②点击【扩展基本体】中【切角长方体】按钮，在顶视图中创建一个 0.2m×0.2m× 2.6m、圆角为 0.01 m 的切角长方体，将其命名为"柱子"（图 4-65）。

③选择"柱子"对象，点击【工具】菜单，选择【阵列】工具，在【阵列】工具对话框中设置参数（图 4-66）。阵列后的效果如图 4-67 所示。

（2）制作花架梁

①点击【扩展基本体】中【切角长方体】按钮，在顶视图中创建一个 0.15m×18m× 0.2m、圆角为 0.01m 的切角长方体，将其命名为"顶梁"。

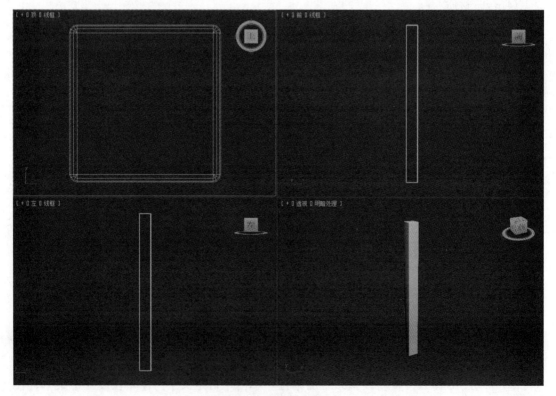

图 4-65　创建"柱子"

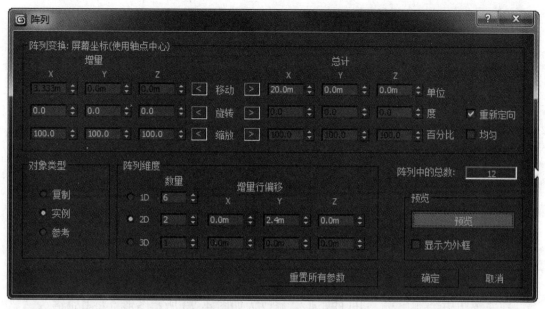

图 4-66 阵列"柱子"参数

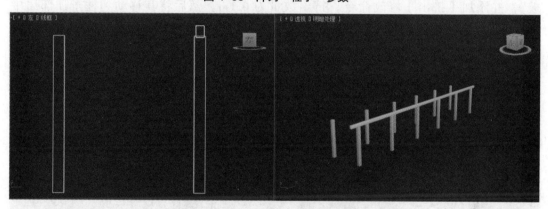

图 4-67 阵列复制"柱子"的结果

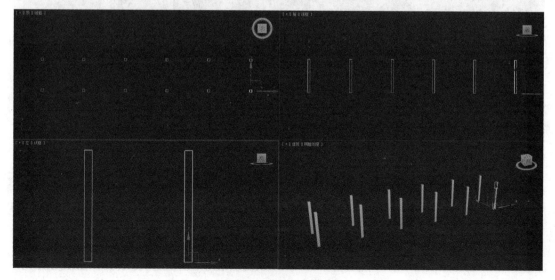

图 4-68 制作"顶梁"

② 使用【对齐】工具将"顶梁"与一侧柱子进行居中对齐，使用【移动】工具移动到柱子顶端（图 4-68）。

③ 在前视图中绘制 0.25m×16.5m 的矩形，命名为"横梁"。在【修改器列表】中选择【挤出】命令，挤出数量为 0.08m。然后在左视图中点击【对齐】工具，在【X 方向】上使用【中心】，与"顶梁"对齐，并移动到如图 4-69 所示位置。

④ 选中"顶梁"与"横梁"对象，向另一侧柱子进行【实例】复制。

（3）制作坐凳

① 在顶视图中绘制 0.35m×16.5m 的矩形，挤出 0.04m，命名为"坐凳面"，在顶视图中与"横梁"居中对齐，在左视图中向上移动 0.4m（图 4-70）。

② 在左视图中创建 0.4m×0.15m×0.06m 的长方体，命名为"支撑"，移动到如图 4-71 所示位置，并进行复制。

③ 选中两个"支撑"物体，在前视图中进行复制，结果如图 4-72 所示。

（4）制作梁板

在左视图中绘制 0.2m×4m 的矩形，修改为如图 4-73 所示图形，将其命名为"梁板"，并添加【挤出】修改命令，挤出数量为 0.1m。然后将其移动到柱子顶部居中位置。

在顶视图中将"梁板"与第一排柱子进行水平对齐，然后使用前述方法对其进行阵列

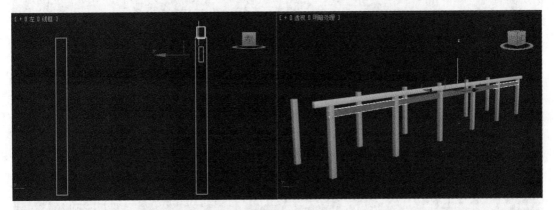

图 4-69　制作"横梁"

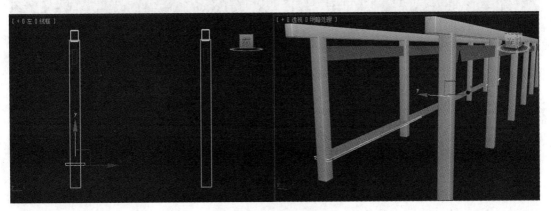

图 4-70　制作坐凳面

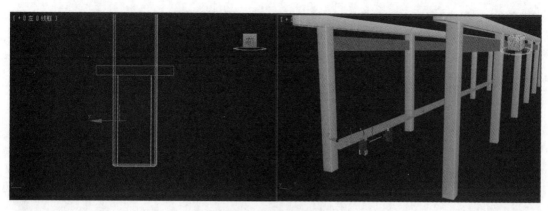

图 4-71　制作坐凳支撑

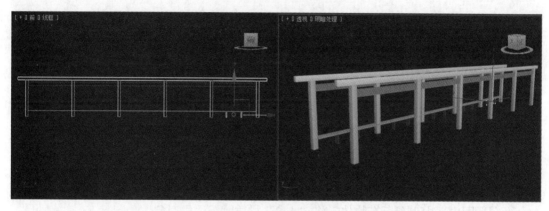

图 4-72　复制坐凳支撑

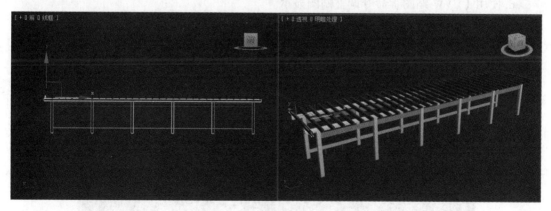

图 4-73　阵列复制"梁板"

复制，得到如图 4-74 所示结果。

（5）制作花架铺装

在顶视图中创建一个 0.2m×4m 的矩形，命名为"地面"，挤出 0.05m，移动到适当位置并与花架对齐。花架模型创建完成（图 4-75）。

（6）制作花架材质

①"木材 1"材质

a. 打开【材质编辑器】，选择一个空白样本球，将其命名为"木 1"。

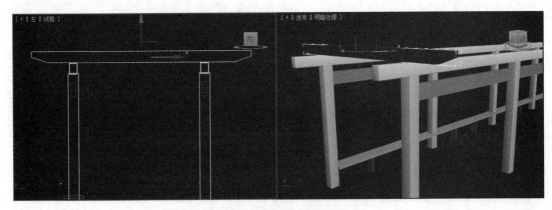

图 4-74 制作花架"梁板"

b. 在【Blinn 基本参数】卷展栏中设置"高光级别"数值为 20，"光泽度"数值为 10。在【漫反射】通道指定"木纹 1.jpg"贴图。

c. 在视图中选中"柱子""梁板""顶梁"及"横梁"物体，将"木 1"材质赋予选中对象。

d. 使用【UVW 贴图】命令调整贴图显示。

② "木材 2"材质

a. 打开【材质编辑器】，选择一个空白样本球，将其命名为"木 2"。

b. 在【Blinn 基本参数】卷展栏中设置"高光级别"数值为 30，"光泽度"数值为 10。在【漫反射】通道指定"木纹 2.jpg"贴图。

c. 在视图中选中坐凳所有物体，将"木 2"材质赋予选中对象。

d. 使用【UVW 贴图】命令调整贴图显示。

③ 地面材质

a. 打开【材质编辑器】，选择一个空白样本球，将其命名为"地面"。

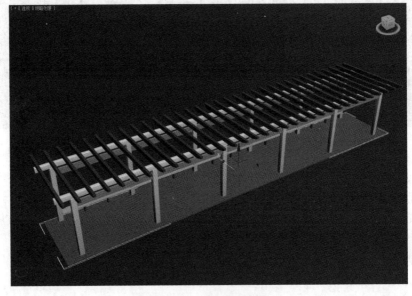

图 4-75 花架模型效果

图 4-76　花架完成效果

b. 在【Blinn 基本参数】卷展栏中设置"高光级别"数值为 55,"光泽度"数值为 45。在【漫反射】通道指定一个"铺地 .jpg"贴图。

c. 在视图中选中护栏所有物体,将"护栏"材质赋予选中对象。

d. 使用【UVW 贴图】命令调整贴图显示。

最终结果如图 4-76 所示。

4.4.2　制作弧形花架

制作如图 4-77 所示的弧形花架。

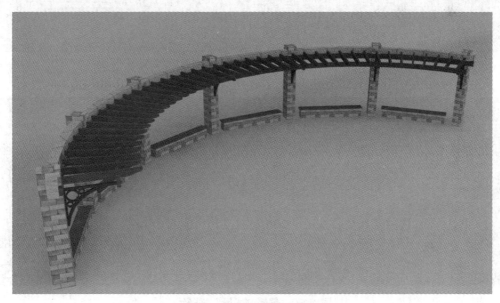

图 4-77　弧形花架效果

图 4-78 绘制圆弧

（1）制作花架顶梁

① 启动 3ds Max，单击【自定义】→【单位设置】菜单，在弹出的对话框中设置系统单位为"毫米"，"显示单位比例"为"米"。按 G 键隐藏视口网格线。

② 在顶视图中绘制一个 7m×20m 的矩形作为辅助图形，打开【捕捉】工具，设置捕捉选项为"顶点"和"中点"方式。点击图形创建面板中【弧】按钮，在顶视图中捕捉辅助图形绘制圆弧，命名为"顶梁"（图 4-78）。绘制完成后删除辅助图形。

③ 给"顶梁"图形添加【编辑样条线】修改器，进入【样条线】层级，将样条线使用【轮廓】命令向圆弧内侧偏移 0.3m，然后为其添加【挤出】修改，挤出数量为 0.5m（图 4-79）。

④ 选中"顶梁"，进入【线段】层级，选取内部圆弧线段进行复制分离，将复制部分命名为"木梁"。

⑤ 进入"木梁"【样条线】层级，将样条线使用【轮廓】命令向圆弧内侧偏移 1.8m，切换到【线段】层级，选择两端的线段删除（图 4-80）。

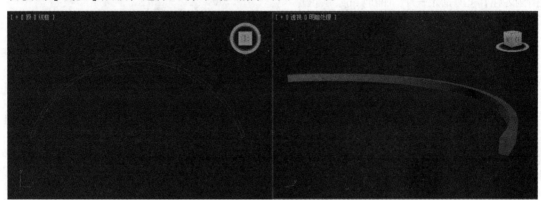

图 4-79 "顶梁"效果

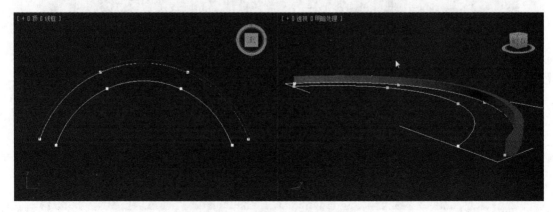

图 4-80 编辑"木梁"样条线

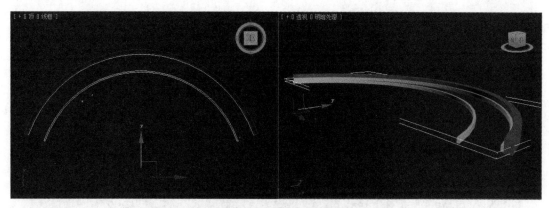

图 4-81　"木梁"制作效果

⑥ 再次进入【样条线】层级，使用【轮廓】命令，为两条样条线偏移 0.15m。然后为其添加【挤出】修改，挤出数量为 0.2m。将其移动到合适位置，如图 4-81 所示。

（2）制作花架"格板"

① 在左视图中创建 0.2m × 2.2m 的矩形，修改其为如图 4-82 所示。然后将其挤出 0.08m。

② 在顶视图中，将"格板"与"木梁"在水平方向对齐，在垂直方向移动到如图 4-83 所示的位置。

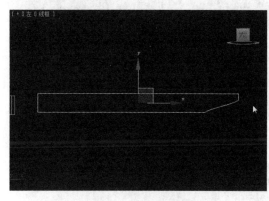

图 4-82　"格板"图形

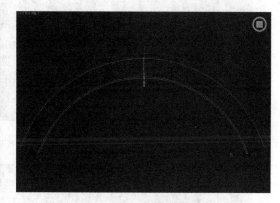

图 4-83　"格板"位置

③ 在工具栏上点击 视图 ▼，在下拉列表中选择【拾取】坐标，拾取"木梁"坐标。在 视图 ▼ 坐标系统中选择刚才拾取的木梁坐标，按住 ▦ 工具，在弹出的选项中选择 ▦ 使用变换坐标中心。选中刚才创建的"格板"，点击【工具】菜单，选择【阵列】命令，向右侧进行阵列复制。其参数设置如图 4-84 所示。

④ 阵列结果如图 4-85 所示，然后移动全部"格板"物体到合适位置。

（3）制作柱子

① 在顶视图中创建一个 0.6m × 0.4m × 3.5m 的矩形，命名为"石柱"。

② 将"石柱"在顶视图中移动到如图 4-86 所示位置，使用前述阵列方式进行阵列复制。阵列参数如图 4-87 所示。

③ 选择刚才拾取的木梁坐标，按住 ▦ 工具，在弹出的选项中选择 ▦ 使用变换坐标中心，

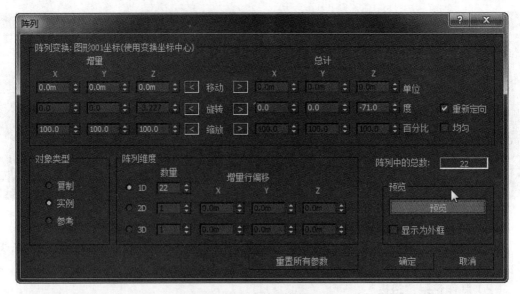

图 4-84 "格板"阵列参数

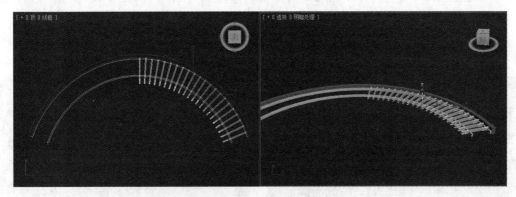

图 4-85 阵列复制"格板"

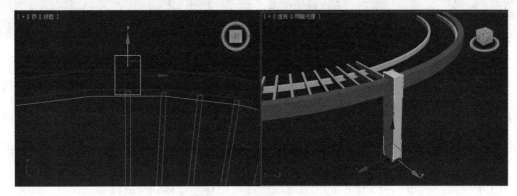

图 4-86 阵列复制"石柱"

将右侧的"格板"与"石柱"物体全部选中,向左侧镜像复制,得到如图 4-88 所示结果。

(4)制作木梁支撑

① 在左视图中绘制 1.1m×1.6m 的矩形,修改为如图 4-89 所示,然后挤出 0.08m,命名为"木梁支撑"。

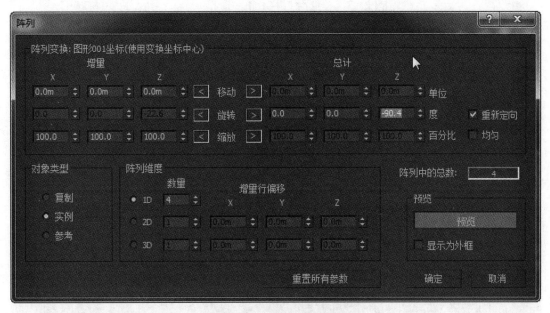

图 4-87 "石柱"阵列参数

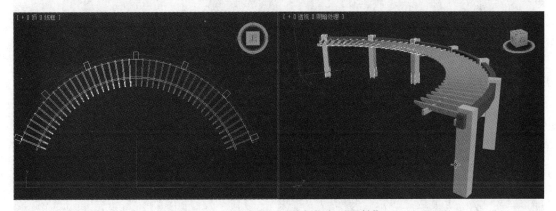

图 4-88 镜像复制"格板"与"石柱"

② 单击【圆形】（Circle）按钮，在【物体类型】卷展栏下将"开始新图像"右侧的勾选取消，在左视图中绘制 3 个大小不一的圆形，调整其到合适的位置。

③ 在修改命令面板的【修改列表】下拉菜单中选择【编辑样条线】命令，进入【样条线】层级，设置轮廓值为 0.03m，再单击【轮廓】按钮；然后执行【挤出】命令，设置挤出数量为 0.08m，命名为"装饰"，调整其位置如图 4-90 所示。

④ 选择"装饰"与"木梁支撑"物体，并成组，然后移动到图 4-91 所示位置。

⑤ 使用前述方式将"装饰"与"木梁支撑"物体进行阵列复制到每个柱子（图 4-92）。

（5）制作坐凳

使用前述内容自行创建坐凳，并将坐凳复制到每个柱子之间。模型完成效果如图 4-93。

（6）制作弧形花架材质

① 墙砖材质

a. 打开【材质编辑器】，选择一个空白样本球，将其命名为"墙砖"。

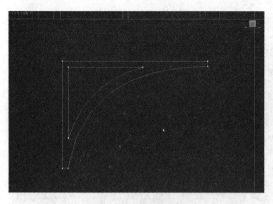

图 4-89　木梁支撑

图 4-90　装　饰

图 4-91　"装饰"与"木梁支撑"位置

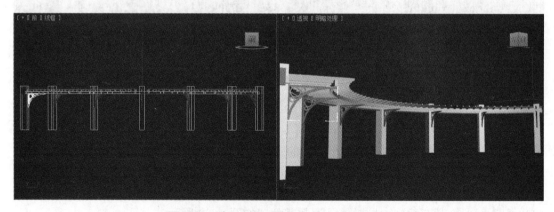

图 4-92　阵列复制"装饰"与"木梁支撑"

b. 在【Blinn 基本参数】卷展栏中设置"高光级别"数值为 10，"光泽度"数值为 0。在【漫反射】通道指定"石.jpg"贴图。在【凹凸】通道复制"石.jpg"贴图。

c. 在视图中选中"石柱"与"坐凳"物体，将"石材"材质赋予选中对象。

d. 使用【UVW 贴图】命令调整贴图显示。

② 木材材质

a. 打开【材质编辑器】，选择一个空白样本球，将其命名为"木"。

b. 在【Blinn 基本参数】卷展栏中设置"高光级别"数值为 30，"光泽度"数值为 10。

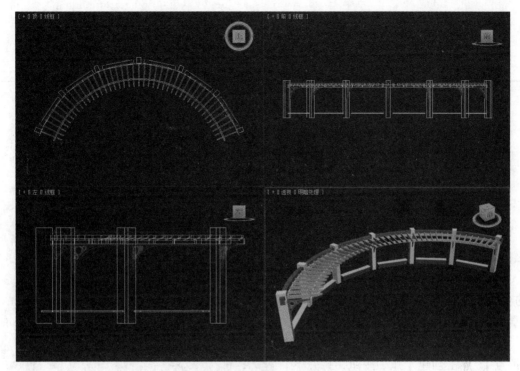

图 4-93　弧形花架模型

在【漫反射】通道指定"木纹 1.jpg"贴图。

　　c. 在视图中选中"格板""木梁"物体，将"木"材质赋予选中对象。

　　d. 使用【UVW 贴图】命令调整贴图显示。

　　③ 顶梁材质

　　a. 打开【材质编辑器】，选择一个空白样本球，将其命名为"石材"。

　　b. 在【Blinn 基本参数】卷展栏中设置"高光级别"数值为 55，"光泽度"数值为 45。在【漫反射】通道指定"铺地 .jpg"贴图。

　　c. 在视图中选中"顶梁"物体，将"石材"材质赋予选中对象。

　　d. 使用【UVW 贴图】命令调整贴图显示。

　　④ 金属材质

　　a. 打开【材质编辑器】，选择一个空白样本球，将其命名为"铁艺"。

　　b. 在【Blinn 基本参数】卷展栏中设置"高光级别"数值为 30，"光泽度"数值为 10。【漫反射】颜色为（5，5，5）。

　　c. 在视图中选中"木梁支撑""装饰"物体，将"铁艺"材质赋予选中对象。

　　⑤ 坐凳面材质　坐凳面材质使用上述方法自行制作。所有材质添加后效果如图 4-94 所示。

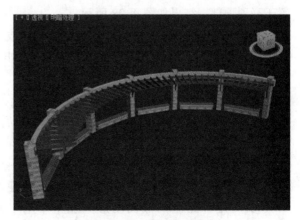

图 4-94　添加材质效果

任务 4.5

绘制园亭效果图

4.5.1 制作欧式园亭

制作如图 4-95 所示欧式亭模型。

（1）制作亭顶

① 启动 3ds Max，设置系统单位为"毫米"，显示单位为"米"。

② 在顶视图中创建一个半径为 2m 的半球，"半球"值为 0.55，将其命名为"亭顶"（图 4-96）。

③ 打开 2.5 维捕捉，捕捉方式为【顶点】。点击创建【弧】按钮，打开下面的【渲染】卷展栏，设置相应的参数。然后在左视图中沿半球一侧边绘制一条圆弧，命名为"装饰线"，在顶视图中与"亭顶"在 X 轴方向上中心对齐（图 4-97）。

④ 在工具栏上点击 视图 ▼ ，在下拉列表中选择【拾取】，拾取"亭顶"坐标。打开角度捕捉，设定捕捉角度为

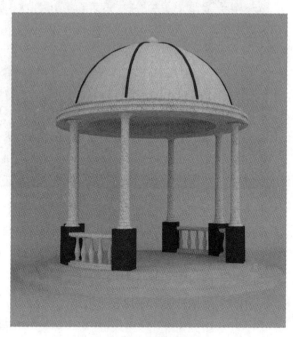

图 4-95 欧式亭效果

45°。选择旋转工具，在 视图 ▼ 坐标系统中选择刚才拾取的"亭顶"坐标，按住 工具，在弹出的选项中选择 使用变换坐标中心。选择"装饰线"在顶视图中沿 Z 轴进行旋转，复制 7 个。在顶视图创建一个半径为 0.15m 的球体，使用 工具沿 Z 轴变形，放置于亭顶顶部，结果如图 4-98 所示。

⑤ 在顶视图绘制一个半径为 2m 的圆作为放样路径，将圆形转换为可编辑样条线，进入【样条线】层次，选中样条线在下拉列表点击【反转】，退出编辑。然后在左视图绘制如图 4-99 所示图形作为放样图形。

⑥ 选择圆形，进入【复合对象】操作面板，点击【放样】按钮，在视图中拾取刚才绘制的图形，完成放样，命名为"亭顶沿"，然后与"亭顶"进行对齐操作（图 4-100）。

（2）制作柱子

① 隐藏放样所用的图形。在顶视图中创建一个 0.4m×0.4m×0.8m，圆角值为 0.01 的切角长方体，命名为"柱基"，然后在左视图中创建如图 4-101 所示的柱子截面图形。

② 对刚才绘制的截面图形添加【车削】修改器，【车削】修改器的参数设置如图 4-102 所示，将生成的对象命名为"柱子"。

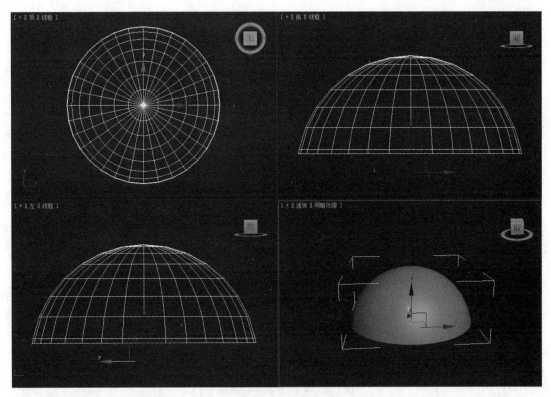

图 4-96　制作亭顶

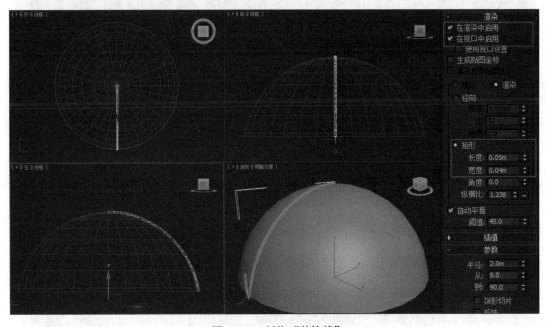

图 4-97　制作"装饰线"

③ 在左视图中将车削生成的"柱子"放置于"柱基"顶部，然后在顶视图进行中心对齐。在顶视图中将"柱子"放置于如图 4-103 所示位置。

④ 选中"柱子"与"柱基"，使其成组。在顶视图中沿着"亭顶"中心圆形复制 7

計算機輔助園林設計

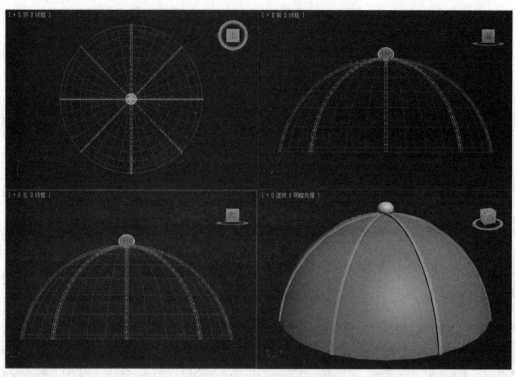

图 4-98　旋转复制"装饰线"

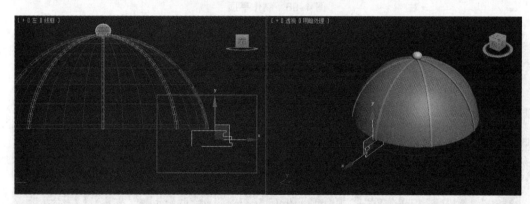

图 4-99　绘制放样图形

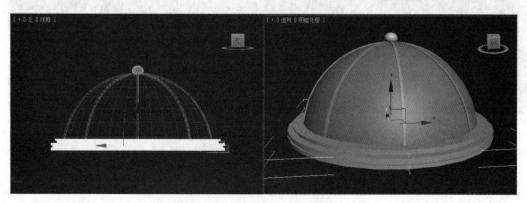

图 4-100　"亭顶沿"完成效果

134

图 4-101　柱子截面图形　　　　图 4-102　【车削】参数

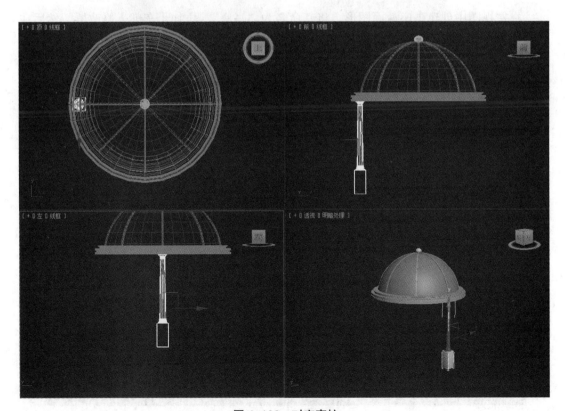

图 4-103　对齐亭柱

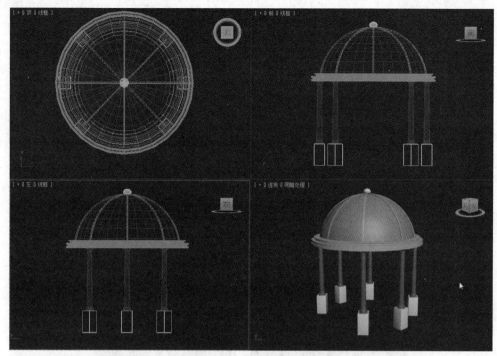

图 4-104　柱子复制结果

组，复制间隔角度为 45°，然后删除其中两组（图 4-104）。

（3）创建亭座

在左视图中创建亭座截面图形，将其命名为"亭座"，添加【车削】修改器，然后在顶视图中与亭顶中心对齐，在其他视图中对正相应位置（图 4-105）。

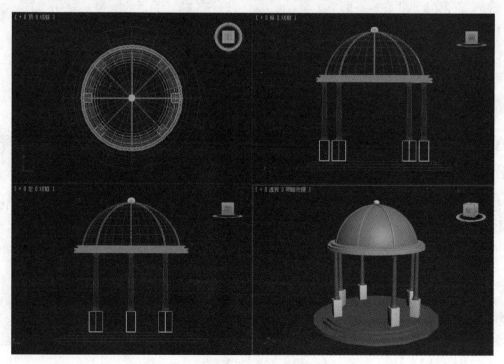

图 4-105　制作"亭座"

（4）制作坐凳

① 将亭顶部分隐藏，打开捕捉，设定捕捉选项为【中点】，在顶视图中创建捕捉柱子中心部分创建一条弧，作为坐凳放样路径（图 4-106），然后在前视图中创建一个 0.3m×0.06m 的矩形，将其转换为【可编辑样条线】，修改为如图 4-107 所示。

② 选择圆弧，在【复合对象】面板中点击【放样】，在视图中拾取刚才制作的截面，得到放样物体，将其命名为"凳面"，移动其到适当位置，然后向下镜像复制一个，命名为"花柱座"（图 4-108）。

③ 切换到左视图，在"凳面"与"花柱座"之间绘制图形，将其命名为"花柱"，然后添加【车削】修改器，车削【对齐】方式为【最小】，然后移动到合适位置（图 4-109）。

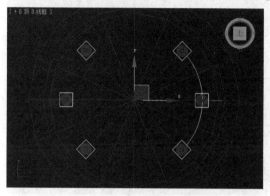
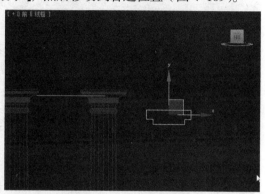

图 4-106 圆弧放样路径　　　　　　　　图 4-107 坐凳截面

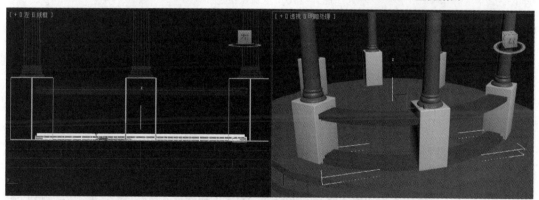

图 4-108 制作"凳面"与"花柱座"

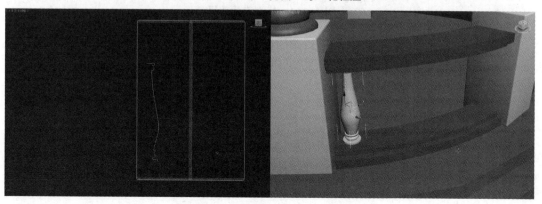

图 4-109 绘制"花柱"截面图形

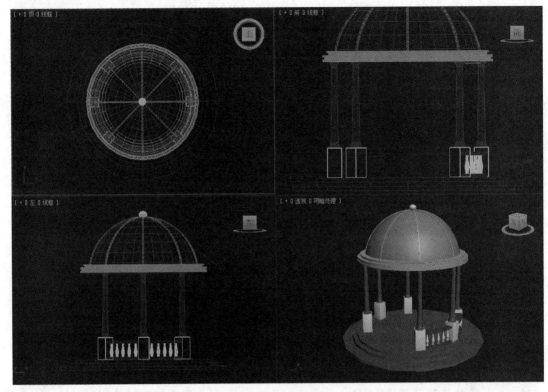

图 4–110 复制"花柱"

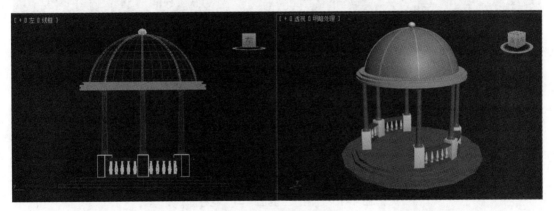

图 4–111 模型完成效果

④ 使用旋转工具，对"花柱"进行圆形复制（图 4–110）。

⑤ 选择全部坐凳对象，向另一侧复制，最终模型完成如图 4–111 所示。

（5）制作欧式亭材质

① "石材 1"材质

a. 打开【材质编辑器】，选择一个空白样本球，将其命名为"1"。

b. 在【Blinn 基本参数】卷展栏中设置"高光级别"数值为 20，"光泽度"数值为 10。在【漫反射】通道指定"石材 11.jpg"贴图。

c. 在视图中选中"亭顶""柱子""亭顶沿"及"坐凳"物体，将"石材 1"材质赋予选中对象。

d. 使用【UVW 贴图】命令调整贴图显示。

② "石材 2" 材质

a. 打开【材质编辑器】，选择一个空白样本球，将其命名为 "石材 2"。

b. 在【Blinn 基本参数】卷展栏中设置 "高光级别" 数值为 25，"光泽度" 数值为 10。在【漫反射】通道指定 "石材 2.jpg" 贴图。

c. 在视图中选中亭顶 "装饰线" 及 "柱基" 所有物体，将 "石材 2" 材质赋予选中对象。

d. 使用【UVW 贴图】命令调整贴图显示。

③ "地面" 材质

a. 打开【材质编辑器】，选择一个空白样本球，将其命名为 "地面"。

b. 在【Blinn 基本参数】卷展栏中设置 "高光级别" 数值为 20，"光泽度" 数值为 10。在【漫反射】通道指定 "大理石 .jpg" 贴图。

c. 在视图中选中护栏所有物体，将 "护栏" 材质赋予选中对象。

d. 使用【UVW 贴图】命令调整贴图显示。

最终完成效果如图 4-112 所示。

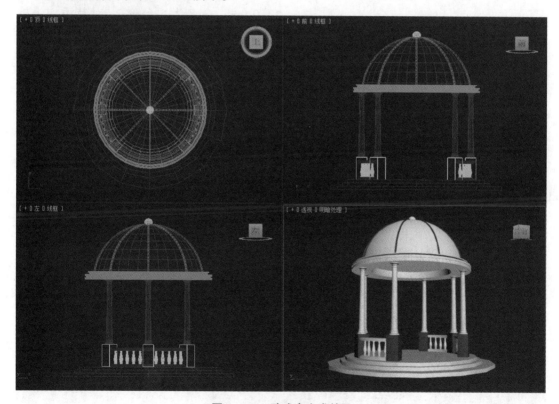

图 4-112　欧式亭完成效果

4.5.2　绘制中式园亭

制作如图 4-113 所示六角亭模型。

六角亭的造型包括台座、柱子、座椅、亭顶、雀替、檐枋等。

图 4-113　六角亭效果

（1）制作台座

① 打开 3ds Max，重新设置系统的单位。单击【自定义】→【单位设置】菜单，在弹出的对话框中设置系统单位为"毫米"，显示单位为"米"。

② 在顶视图中用【多边形】创建一个内接半径为 2.3m 的六边形，命名为"座基"，然后将其复制一个，并修改半径为 2.35m，命名为"铺装"。

③ 为"座基"与"铺装"分别添加【挤出】修改器，挤出数量为 0.5m、0.05m，然后将"铺装"移动到"座基"顶部并中心对齐（图 4-114）。

④ 在左视图中创建如图 4-115 所示图形，该图形总高为 0.45m，总宽为 0.9m，命名为"台阶"。对其添加【挤出】修改，挤出数量为 1m，然后将其与"台座"对齐。

⑤ 在左视图绘制图 4-116 所示图形，命名为"侧石"，将其挤出 0.1m，并与台阶对齐。然后向"台阶"另一侧以"实例"方式复制一个。

⑥ 将"台阶"与"侧石"全部选中成组，然后向台座另一侧以"实例"方式复制。

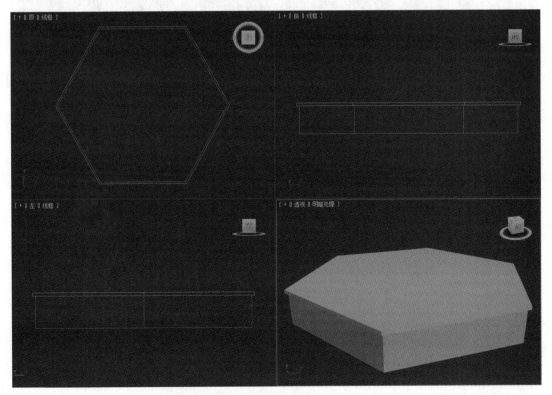

图 4-114　制作"台座"

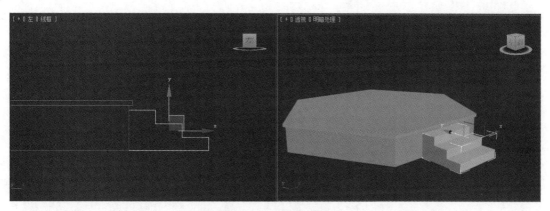

图 4-115　制作"台阶"

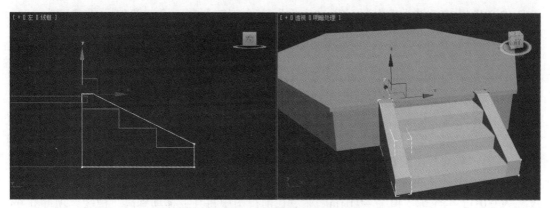

图 4-116　制作"侧石"

（2）创建柱子

① 在顶视图中绘制一个半径为 0.12m、高为 2.5m 的圆柱体，"高度分段"设为 1，将其命名为"柱子"。

② 在前视图绘制如图 4-117 所示图形，命名为"柱基"，然后为其添加【车削】修改器，对齐方式为"最小"。

③ 将"柱基"与"柱子"在顶视图中心对齐，在左视图中调节其高度位置。

④ 在顶视图中将"柱基"与"柱子"移动到"台座"一角，使用前面讲述内容，以

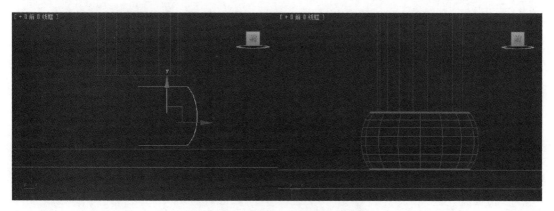

图 4-117　"柱基"截面与车削结果

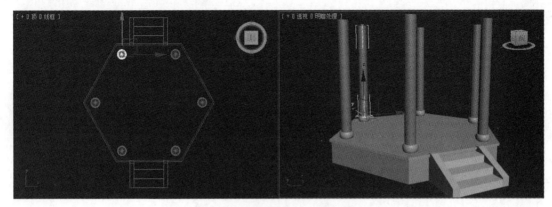

图 4-118　旋转复制"柱子"

台座中心坐标的 Z 轴为旋转轴，以"实例"方式旋转复制 5 个，复制间隔角度为 60°（图 4-118）。

（3）制作座椅

① 在顶视图中以"内接"方式绘制半径为 1.85m 的六边形，然后与"台座"在 X、Y 轴方向上中心对齐，为其添加【编辑样条线】修改器，然后进入线段层级，将部分线段删除。将其命名为"凳面"。切换到"凳面"【样条线】层级，勾选【轮廓】按钮下的"中心"选项，对样条线进行轮廓，轮廓值为 0.35m（图 4-119）。

② 为"凳面"图形添加【倒角】修改器，设置倒角参数【倒角值】→【级别 1】的"高度"为 0.01m，"轮廓"值为 0.01m，【级别 2】的"高度"为 0.03m，【级别 3】的"高度"为 0.01m，"轮廓"值为 -0.01m。然后在前视图中将其上移动到离"铺装"顶部 0.4m 高的位置（图 4-120）。

③ 在顶视图中以"内接"方式绘制半径为 2.2m 的六边形，然后与"台座"在 X、Y 轴方向上中心对齐，将其转换为可编辑样条线，进入【线段】层级，删除部分线段，命名为"放样路径"。然后在左视图中创建一个 0.4m × 0.05m 的矩形，角半径为 0.01m（图 4-121）。

④ 选择"放样路径"，点击【放样】按钮，在视图中选择刚才创建的圆角矩形，得到放样结果，命名为"扶手"，将其移动到合适位置（图 4-122）。

⑤ 在左视图中创建样条线，修改为图 4-123 所示，挤出 0.05m，命名为"美人靠"。然后在顶视图中进行复制，放置到图中所示位置。

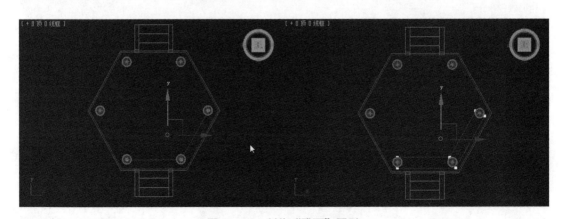

图 4-119　制作"凳面"图形

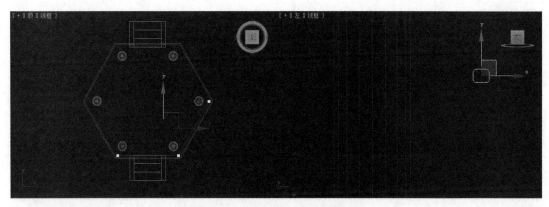

图 4-120　【倒角】修改"凳面"

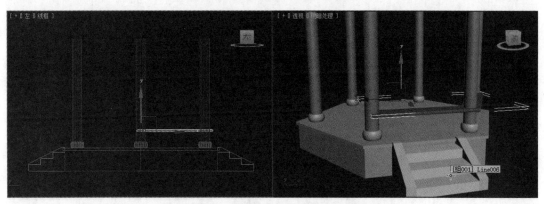

图 4-121　"扶手"放样路径与截面图形

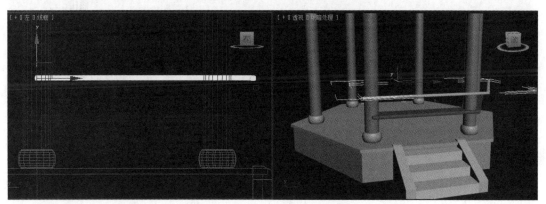

图 4-122　"扶手"放样结果

⑥ 利用前述方法，制作座椅下的支撑（图 4-124）。

⑦ 将全部"美人靠"和座椅支撑物体选中，以台基坐标为中心进行"实例"旋转复制，旋转角度为 60°（图 4-125）。

⑧ 选择全部座椅物体，在顶视图中旋转 60°，然后向另一侧镜像复制，复制方式为"实例"。座椅部分创建完成（图 4-126）。

（4）制作额枋、挂落、雀替、斗拱及圈梁

① 在前视图中创建一个 0.2m×2.6m 的矩形，将其转换为可编辑样条线，对顶点进行编辑，然后挤出 0.15m，命名为"额枋"。在前视图移动到柱子顶部并在 X 轴方向与"台

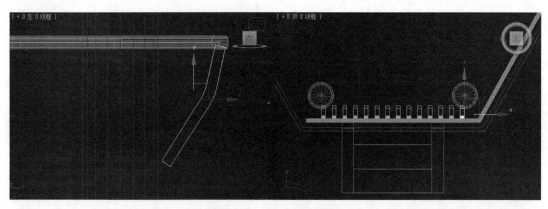

图 4-123　制作"美人靠"

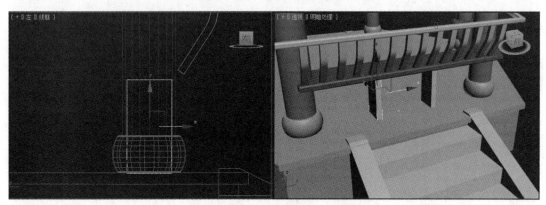

图 4-124　制作座椅支撑

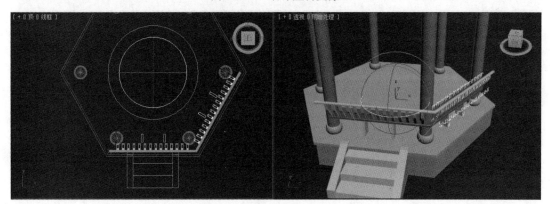

图 4-125　旋转复制"美人靠"和座椅支撑

座"中心对齐（图 4-127）。

　　② 在前视图中创建一个 0.2m×1.65m 的矩形，再创建如图 4-128 所示图形，将全部图形附加为一个对象并挤出 0.05m，命名为"挂落"。将其与"额枋"对齐。

　　③ 在前视图中创建如图 4-129 所示图形，挤出 0.05m，命名为"雀替"，然后向右复制一个，在顶视图中与"挂落"对齐。

　　④ 选择"额枋""挂落"及"雀替"，在顶视图以"实例"方式旋转复制 5 组（图 4-130）。

　　⑤ 在顶视图中创建一个 0.1m×0.1m 的正方形，为其添加【倒角】修改器，设置倒角

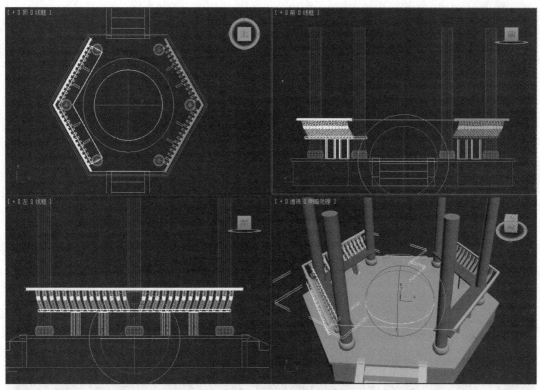

图 4-126　座椅制作完成效果

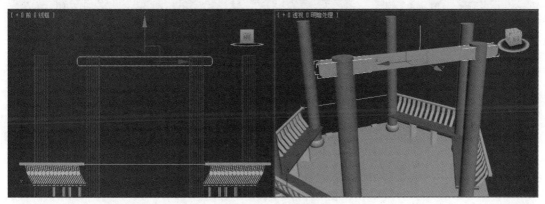

图 4-127　制作额枋

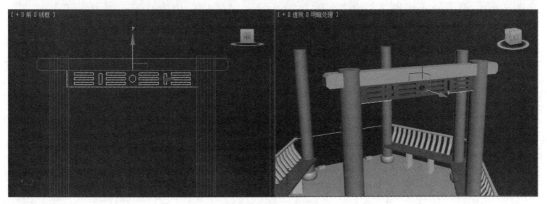

图 4-128　制作挂落

图 4-129 "雀替"效果

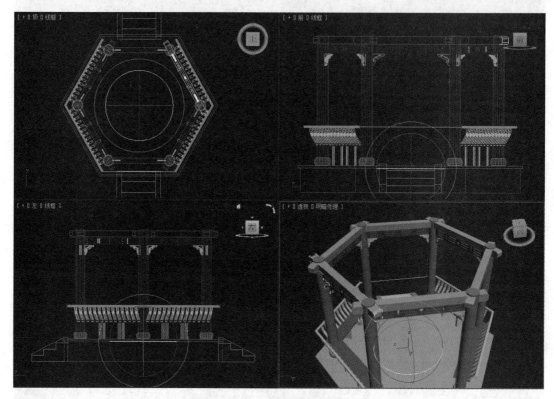

图 4-130 旋转复制结果

参数【倒角值】→【级别 1】的"高度"为 0.04m，"轮廓"值为 0.04m，【级别 2】的"高度"为 0.08m，命名为"斗"（图 4-131）。

⑥ 在前视图绘制如图 4-132 所示图形，挤出 0.05m，与前面制作的"斗"对齐。然后在顶视图中旋转复制一个。

⑦ 在顶视图中创建如图 4-133 所示 0.8m×0.05m×0.1m 的长方体，命名为"顶板"。将其放置于"斗拱"顶部。将"斗拱"全部对象选中成组，进行复制。将柱头上"斗拱"的"顶板"修改为 1.2m×0.05m×0.1m。

⑧ 选择全部"斗拱"对象，在顶视图中以"实例"方式旋转复制 5 组，最终结果如图 4-134 所示。

⑨ 在顶视图创建一个内接半径为 1.95m 的六边形，将其转换为可编辑样条线，进入【样

条线】层级，对样条线进行轮廓，轮廓值为 0.15m。将其命名为"圈梁"。将其挤出 0.2m，然后在顶视图中与"台座"中心对齐，并在前视图移动其到"斗拱"顶部（图 4-135）。

（5）制作亭顶

① 前视图中创建一个 3m×1.8m 的矩形，长、宽分段数分别为 11、8。为其添加【FFD4×4×4】修改器，将其编辑为如图 4-136 所示，然后为其添加【壳】修改器，"内部量"为 0.03m，"外部量"为 0.01m。

② 将刚才的编辑对象在顶视图中旋转复制 5 个，得到如图 4-137 所示结果。

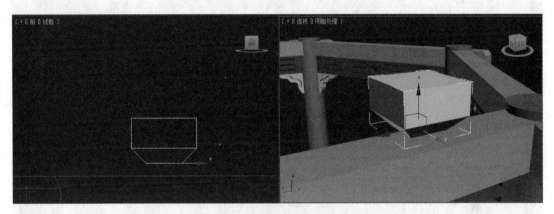

图 4-131　"斗"制作效果

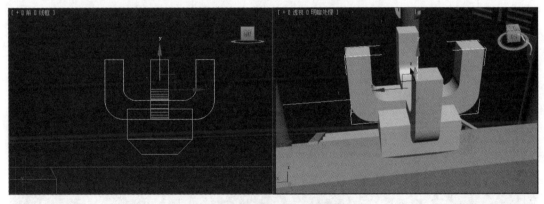

图 4-132　"斗拱"制作效果

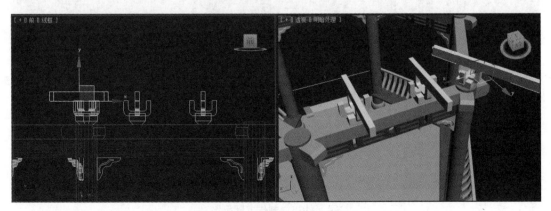

图 4-133　复制"斗拱"并修改

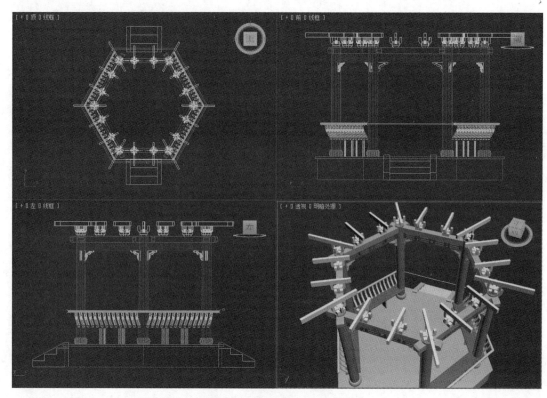

图 4-134 "斗拱"复制效果

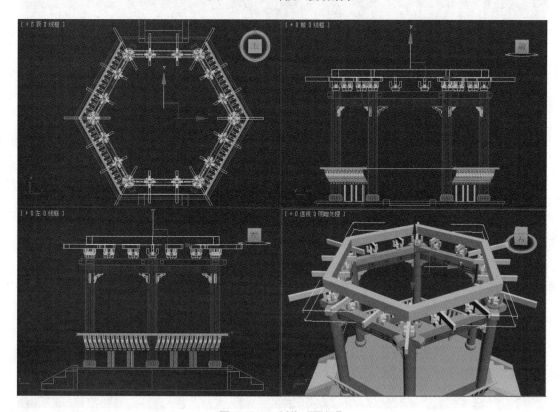

图 4-135 制作"圈梁"

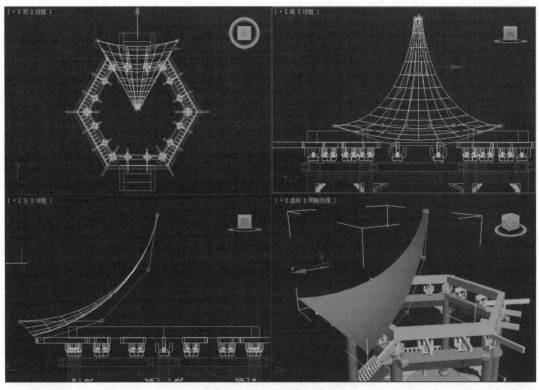

图 4-136　制作亭顶

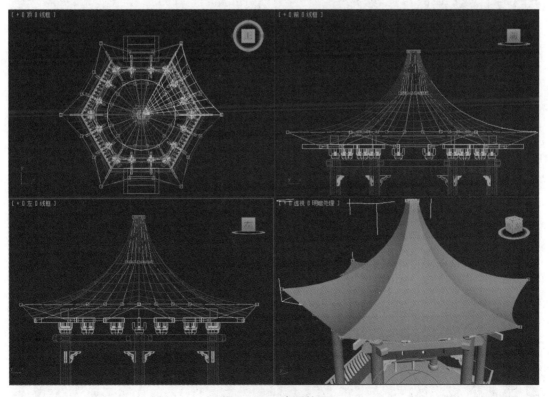

图 4-137　亭顶效果

③ 在前视图中绘制如图 4-138 所示图形，作为亭脊放样路径。

④ 在左视图中绘制如图 4-139 所示图形，作为亭脊放样截面图形。

⑤ 选择路径，点击【放样】按钮，在视图中选取放样截面，生成放样对象，将其命名为"亭脊"（图 4-140）。

⑥ 仔细观察放样结果，发现并不是我们想要的效果，切换到【修改】面板，进入放样【图形】层级进行调整，然后点击【变形】卷展栏中的【缩放】按钮，在弹出的对话框

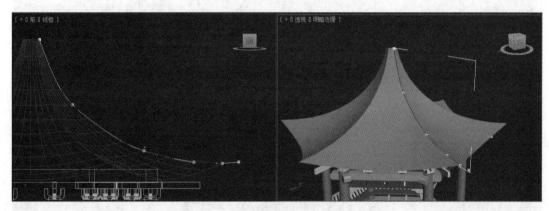

图 4-138　绘制亭脊放样路径

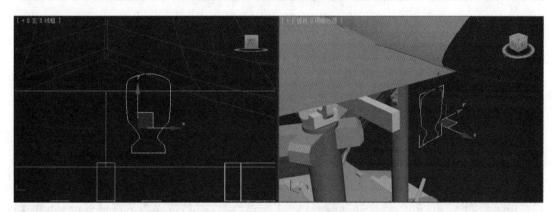

图 4-139　绘制亭脊放样截面图形

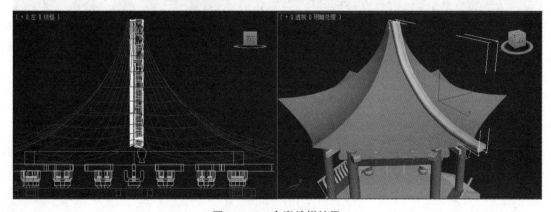

图 4-140　亭脊放样结果

中进行修改。最终结果如图 4-141 所示。

⑦ 选择"亭脊"物体，在顶视图中旋转复制 5 个，得到如图 4-142 所示结果。

⑧ 在前视图中绘制如图 4-143 所示图形，为其添加【车削】修改器，命名为"宝顶"。

⑨ 在顶视图中绘制如图 4-144 所示图形，对其样条线进行修改，然后挤出 0.1m，命名为"护板"，将其与亭顶边缘对齐，在顶视图中旋转复制 5 个。结果如图 4-145 所示。

六角亭模型最终效果如图 4-146 所示。

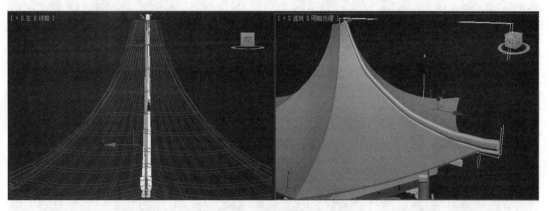

图 4-141　"亭脊"修改结果

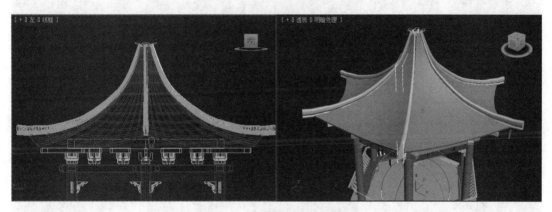

图 4-142　"亭脊"完成效果

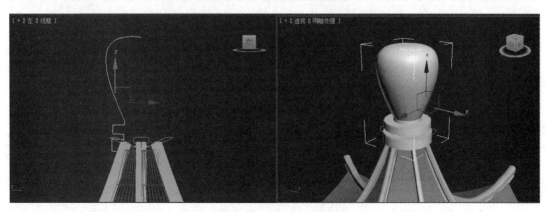

图 4-143　制作"宝顶"

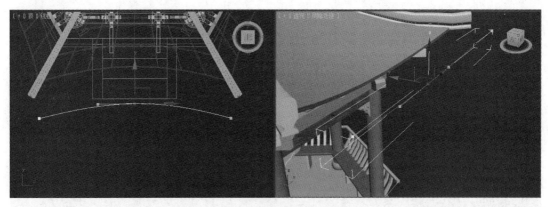

图 4-144 制作"护板"图形

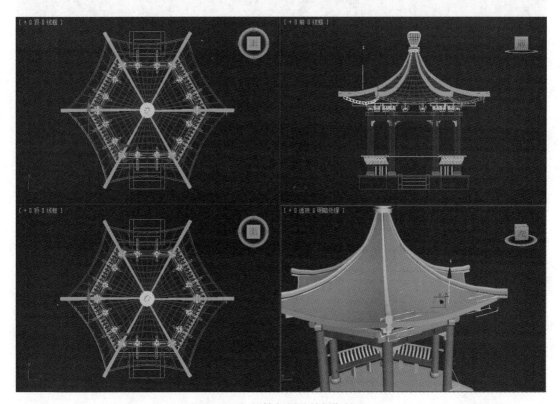

图 4-145 旋转复制"护板"结果

（6）制作六角亭材质

① 基座材质

a. 在【材质编辑器】对话框中选择一个空白样本球，将其命名为"座基"。

b. 在【Blinn 基本参数】卷展栏中设置"高光级别"数值为 0，"光泽度"数值为 10，给漫反射颜色通道指定"砖 .jpg"贴图文件，将"砖 .jpg"复制到"凹凸"通道。

c. 在视图中选中座基物体，将"座基"材质赋予树池沿对象。

d. 使用【UVW 贴图】命令调整贴图显示。

② 铺装材质

a. 在【材质编辑器】对话框中选择一个空白样本球，将其命名为"地面"。

图 4-146 亭子模型效果

b. 在【Blinn 基本参数】卷展栏中设置"高光级别"数值为 25，"光泽度"数值为 10，给漫反射颜色通道指定"大理石 .jpg"贴图文件。

c. 在视图中选中"铺装"物体，将"铁艺"材质赋予选定对象。

d. 使用【UVW 贴图】命令调整贴图显示。

③ 柱基材质

a. 在【材质编辑器】对话框中选择一个空白样本球，将其命名为"柱基"。

b. 在【Blinn 基本参数】卷展栏中设置"高光级别"数值为 20，"光泽度"数值为 10，给漫反射颜色通道指定"石 .jpg"贴图文件。

c. 在视图中选中"柱基"与"台阶"物体，将材质赋予选定对象。

d. 使用【UVW 贴图】命令调整贴图显示。

④ 木材材质

a. 在【材质编辑器】对话框中选择一个空白样本球，将其命名为"木材"。

b. 在【Blinn 基本参数】卷展栏中设置"高光级别"数值为 10，"光泽度"数值为 20，给漫反射颜色通道指定"木材 1.jpg"贴图文件。

c. 在视图中选中"柱子""坐凳""挂落""斗拱""雀替"及"护板"等物体，将"木材"材质赋予被选中的对象。

d. 使用【UVW 贴图】命令调整贴图显示。

⑤ 额枋材质

a. 在【材质编辑器】对话框中选择一个空白样本球，将其命名为"额枋"。

b. 在【Blinn 基本参数】卷展栏中设置"高光级别"数值为 10，"光泽度"数值为 20，给漫反射颜色通道指定"额枋 .jpg"贴图文件。

c. 在视图中选中全部"额枋"物体，将材质赋予被选中的对象。

d. 使用【UVW 贴图】命令调整贴图显示。

⑥ 亭脊材质

a. 在【材质编辑器】对话框中选择一个空白样本球，将其命名为"灰瓦"。

b. 在【Blinn 基本参数】卷展栏中设置"高光级别"数值为 0,"光泽度"数值为 10,给漫反射颜色通道指定"瓦 1.jpg"贴图文件。

c. 在视图中选中全部"亭脊"物体,将材质赋予被选中的对象。

d. 使用【UVW 贴图】命令调整贴图显示。

⑦ 亭顶材质

a. 在【材质编辑器】对话框中选择一个空白样本球,将其命名为"琉璃瓦"。

b. 在【Blinn 基本参数】卷展栏中设置"高光级别"数值为 40,"光泽度"数值为 20,给漫反射颜色通道指定"瓦 .jpg"贴图文件。

c. 在视图中选中全部"亭顶"物体,将材质赋予被选中的对象。

d. 使用【UVW 贴图】命令调整贴图显示。

⑧ 宝顶材质

a. 在【材质编辑器】对话框中选择一个空白样本球,将其命名为"宝顶"。

b. 在【Blinn 基本参数】卷展栏中设置"高光级别"数值为 85,"光泽度"数值为 30,将"漫反射"颜色修改为(196,72,24)。

c. 在视图中选中"宝顶"物体,将材质赋予被选中的对象。

最终效果如图 4–147 所示。

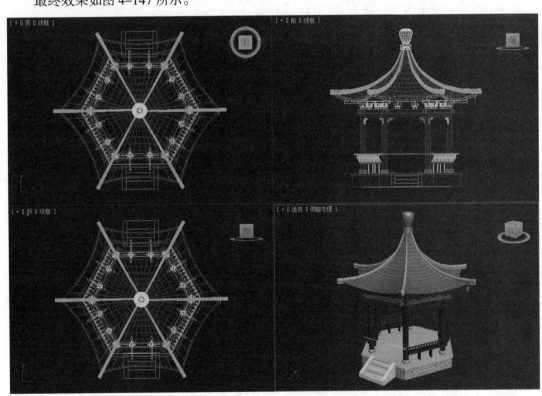

图 4–147 六角亭赋予材质后效果

模块 3

Photoshop 基本操作与园林设计应用

项目 5
认识 Photoshop

【知识目标】

（1）了解 Photoshop 软件在园林设计绘图中的应用特点。

（2）熟悉 Photoshop 工作界面。

（3）掌握 Photoshop 的基本操作。

【技能目标】

（1）能使用 Photoshop 工作界面、基本工具进行基本图形处理。

（2）能使用 Photoshop 图层、历史记录等面板工具进行辅助图形编辑。

任务 *5.1*

了解 Photoshop 在园林设计中的应用

用计算机绘制的园林效果图越来越多地出现在各种设计方案的竞标中，成为设计师展现自己作品和获取设计项目的重要手段。Photoshop 是一种功能十分强大、使用范围广泛的平面图像处理软件。目前 Photoshop 是众多平面设计师进行平面设计，图形、图像处理的首选软件，已应用到园林平面规划图、园林立面效果图、园林透视效果图以及方案文本制作包装等领域。不同版本的界面不同，某些工具使用有变化，但主要功能和用法是基本相同的。

（1）园林平面规划图

在 AutoCAD 中完成园林规划平面图的绘制后，导入 Photoshop 中进行色彩渲染。如果说园林规划图的前期绘制主要是设计的过程，那么后期制作处理则是再加工表现的过程。

（2）园林立面图

园林立面图是中常用的手段之一，因为它具有制作快速与效果明显两大优点。在园林立面渲染图中包含的因素很多，如真实的园林材质、配景素材与逼真的受光投影等。园林立面渲染图的制作方法与二维渲染图极为相似，只是表现的空间不同而已。

（3）园林透视效果图

园林透视效果图是将处理过的 Auto CAD 施工图导入 3ds Max 中进行模型创建，通过编辑材质、设置相机和灯光，可以得到任意透视角度、不同质感的园林效果图。然后使用 Photoshop 软件进行后期处理，包括调整渲染图的颜色、明暗程度，为效果图添加天空、树木、人物等配景，制作退晕、光晕、阴影等特殊效果。

任务 5.2

熟悉 Photoshop 工作界面

使用 Photoshop 打开一个文件，屏幕中各组件如图 5-1 所示。

Photoshop 工作界面主要包括菜单栏、调板、工具箱、属性栏、绘图区、信息提示栏等几个部分。

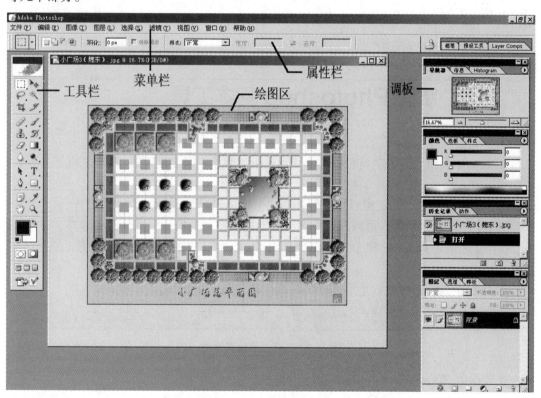

图 5-1 Photoshop 工作界面

（1）菜单栏

使用菜单栏中的菜单可以执行 Photoshop 的许多命令，在该菜单栏中有文件、编辑、图像、图层、选择、滤镜、视图、窗口和帮助 9 个菜单，其中每个菜单又有一组选项。

（2）工具属性栏

选取工具不同，会出现相应工具的属性设置。

（3）工具箱

包含各种常用的工具，点击工具按钮可以进行相应的操作。

（4）绘图区

绘图区是图像显示的区域，用于编辑和修改图像，对图像窗可以进行放大、缩小和移动等操作。

（5）状态栏

窗口底部的横条称作状态栏，它能够提供一些当前操作的帮助信息。

（6）调板

调板是 Photoshop 中一项很有特色的功能，用户可利用调板设置工具参数、选取颜色、编辑图像和显示信息等。

（7）状态栏

状态栏位于窗口最底部。其中最左侧区域用于显示图像窗口的显示比例，用户可以在该窗口中自定义显示比例。中间区域用于显示图像文件信息，点击右侧的小三角按钮可打开功能菜单，选择其中的菜单项查看图像文件信息。

任务 *5.3*

掌握 Photoshop 基本工具

（1）选框工具

① 选框工具组　点击工具栏中的【矩形选框工具】 按钮不放，出现选框工具组。快捷键：M。

【矩形选框工具】 ：可以用鼠标在图层上拖出矩形选框。

【椭圆选框工具】 ：可以用鼠标在图层上拖出椭圆选框。

【单行选框工具】 和【单列选框工具】 ：在图层上拖出 1 像素宽（或高）的选框。

② 选框工具的属性栏　矩形选框工具属性栏如图 5-2 所示。

图 5-2　选框工具的属性栏

主要参数含义：

• 【羽化】：可以消除选择区域的正常硬边界，使区域产生一个过渡。其取值范围在 0 到 255 像素之间。

• 样式：

——【正常】：可任意选出一个区域；

——【约束长宽比】：可根据事先确定的长宽比例选定一个区域。

——【固定大小】：选择框已经做好了长度和宽度的限定，只需单击鼠标就能得到大小一定的选择框。

・选择方式：

——【新选区】：去掉旧的选择区域，选择新的区域。

——【添加到选区】：在旧的选择区域的基础上，增加新的选择区域，形成最终的选择区。

——【从选区减去】：在旧的选择区域中，减去新的选择区域与旧的选择区域相交的部分，形成最终的选择区。

——【与选区相交】：新的选择区域与旧的选择区域相交的部分为最终的选择区域。

（2）套索工具

点击工具栏中的【套索工具】按钮不放出现套索工具组。

【套索工具】：用于选择不规则图形。通过单击并移动鼠标，手动绘制选区，返回起始点时松开鼠标，可以获得一个封闭的选区。

【多边形套索工具】：选择锚点之间为直线，用于选择多边形。通过绘制线段来绘制选区。

【磁性套索工具】：是一种具有识别边缘功能的套索工具。利用图像边缘相近的颜色来进行选取图像范围，选取的图像范围更加精细。

（3）魔棒工具

【魔棒工具】是选取图像中相同或相近的颜色作为选区，颜色的范围可以在如图 5-3 所示的属性栏中设置。

快捷键：W。

图 5-3　魔棒工具属性栏

主要参数含义：

・【容差】：选取图像颜色差别的限制数据。可输入 0 ~ 255 的数字，输入的数字越大，可选取的区域范围越广。

・【消除锯齿】：可以消除所选取的选框的锯齿。

・【连续的】：选中后只能选取图像中连续的相似颜色。

・【用于所有图层】：选中后会自动选择被选取的图层，否则只能在当前图层中应用。

（4）填充与描边

①填充　选择菜单"编辑 / 填充"命令可以看到弹出的【填充】对话框。

可以选择使用"前景色""后景色"以及"图案"等填充方式，同时可以修改填充的模式和不透明度。

②描边　选择菜单"编辑 / 描边"命令可以看到弹出的【描边】对话框。

在对话框中可以选择描边的宽度、颜色，以及模式和不透明度。

③定义图案　利用选择工具选择一定区域，然后选择菜单"编辑 / 定义图案"命令，将弹出【图案名称】对话框，在此对话框中可以为所定义的图案命名。

④填充图案　要使用定义的图案，有两种方法：一是使用图案印章工具；二是使用下面要介绍的区域填充方法。

确定填充图案后，选择菜单"编辑 / 填充"命令，在弹出的【填充】对话框中选择填充内容为图案，然后在图案栏中选择上一步所定义的图案进行填充。

（5）路径应用

① 路径工具组　点击工具栏【钢笔】工具 ⬙ 按钮不放，出现路径工具组。

快捷键：P。

【钢笔工具】：单击【钢笔工具】⬙，单击工作区中的一个点，这时出现了一个节点，也就是路径的起点；再单击工作区的另一个位置，创建另一个节点，这时两节点之间出现了一条路径；重复以上步骤，绘制出第三个、第四个节点；如果绘制一组封闭的路径，需将【钢笔工具】移动到路径的起点上，单击鼠标便可绘制出一组封闭的路径。

另外，使用【钢笔工具】的时候，如果【钢笔工具】在点击节点之后鼠标不松开，拖动节点，便可出现一根控制柄，依靠调整控制柄来改变路径的形状。

【自由钢笔工具】：单击【自由钢笔工具】⬙，将鼠标指针移动到工作区中，以鼠标指针所在位置作为路径的起点，按住鼠标左键后拖动，直到结束，释放鼠标后便可绘制出一段路径。如果鼠标移动到路径的起点再释放左键，便会得到一段封闭的路径。

【添加锚点工具】⬙：在当前路径上增加节点，从而可对该节点所在线段进行曲线调整。

【删除锚点工具】⬙：在当前路径上删除节点，从而将该节点两侧的线段拉直。

【转换点工具】⬙：可将曲线节点转换为直线节点，或相反。

② 路径选择工具

快捷键：A。

【路径选择工具】⬙：选定路径或调整节点位置。

【直接选择工具】⬙：可以用来移动路径中的节点和线段，也可以调整方向线和方向点。

③ 路径调板　利用【路径】调板，可执行所有涉及路径的操作。例如，将当前选择区域转换为路径，将路径转换为选择范围，删除路径和创建新路径等。

（6）画笔工具与铅笔工具

按住工具栏中的【画笔工具】⬙按钮不放，可以看到画笔工具和铅笔工具。选择【画笔工具】或【铅笔工具】可以看到属性栏。在属性栏中可以调整画笔的大小、模式、不透明度等。

快捷键：B。

（7）渐变工具

按住工具栏中的【油漆桶工具】⬙按钮不放，可以看到油漆桶工具和【渐变工具】。

选择【渐变工具】后，可以看到如图 5-4 所示属性栏。

快捷键：G。

图 5-4　渐变工具属性栏

【渐变工具】：能够填充具有渐变效果的色彩，在其属性栏中可以选择渐变的形式、调整渐变的模式、透明度等。

（8）图章工具

快捷键：S。

【仿制图章工具】：仿制图章工具的作用是能够把图像的某一部分或全部仿制到图像的其他地方。

【图案图章工具】：图案图章工具的使用，首先是定义图案，然后将图案复制到图像中。

（9）橡皮擦工具

【橡皮擦工具】与实际的橡皮擦功能一样，用来擦除不需要的图像。点击【橡皮擦工具】不放，出现橡皮擦工具组。

快捷键：E。

【橡皮擦工具】：当作用在背景层时，相当于使用背景颜色的画笔；当作用于图层时，擦除后变为透明。

（10）模糊、锐化、涂抹工具

按住工具栏中的【模糊工具】按钮不放，出现模糊工具组。

快捷键：R。

【模糊工具】：可将图像变得柔和与模糊。能使参差不齐的两幅图的边界柔和，并产生阴影修改。在其属性栏中可以调整画笔的大小、强度，选择模糊的模式等。

【锐化工具】：可增加图像的对比度、亮度，使图像更清晰。属性栏中的"压力"越大，锐化的效果越明显。

【涂抹工具】：在图像上按住移动，能够在画笔经过的路线上形成连续的模糊带。涂抹的大小、软硬程度等参数可以通过工具属性栏选择。

（11）加深、减淡和海绵工具

按住【工具栏】中的【减淡工具】不放，出现减淡工具组。

快捷键：O。

【减淡工具】：可以使图像的颜色变淡，增加明亮度，使很多图像的细节显现出来。

【加深工具】：能够加深图像的颜色。

【海绵工具】：能够像海绵一样吸附色彩或者增添色彩，使图像的色彩减淡或者加深。需增加颜色浓度时，在属性栏中的"模式"中选择加色，否则选择去色。

（12）输入文字

按住【工具栏】中的【文字工具】不放，出现文字工具组。可以选择【文字工具】或【直排文字工具】进行横向或者竖向的文字输入。或者单击【文字工具】，在绘图区中点击鼠标左键，会出现一个闪动的光标，可以在光标之后输入文字、拼音或者数字等。同时可以看到文字工具属性栏。

快捷键：T。

主要参数含义：

•【字符和段落调扳】：选择要修改的文字段落，点击属性栏中【切换字符和段落调板】，弹出对话框。在对话框中可以调整字体和段落的各种特性。

•【文字变形】：选择要修改的文字，点击属性栏中【创建变形文本】，弹出【变形文字】对话框。在对话框中可以选择文字的样式，以及调整文字样式的各种特性。

（13）图层操作

图层是 Photoshop 强大的图像处理功能的重要支柱之一，在制作园林效果图时，图层的操作必不可少。

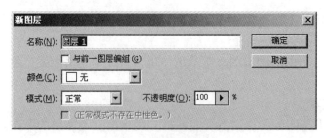

图 5-5 新图层对话框

① 创建图层

菜单方式：单击【图层】→【新建】→【图层】，弹出如图 5-5 所示的新图层对话框。在对话框中可以给图层命名，并设置其他特性，然后单击【确定】按钮。

快捷键：Shift+Ctrl+L。

调板方式：单击图层调板的【创建新图层】 ![icon]，建立新的图层。

② 图层编辑　图层的编辑包括图层的删除、复制、改变图层顺序、合并等。

主要编辑命令含义及操作方法：

•【删除图层】：在图层调板上单击要删除的图层图标不放，拖到【删除图层】 ![icon]后放开，图层消失；或者选取图层图标后，直接单击【删除图层】按钮，将其删除。也可以从"图层"菜单中选取【删除图层】。另一种方法是，在图层调板上选取图层图标后，右击鼠标，在弹出的快捷菜单上选取【删除图层】。

•【复制图层】：在图层调板中单击要复制的图层图标不放，拖到【创建新建图层】 ![icon]后放开，则在原图层图标上新增加【副本图层】；也可以从"图层"菜单中选取【复制图层】命令；或者在图层调板上选取图层图标后，右击鼠标，在弹出的快捷菜单上选取【复制图层】。

•【改变图层顺序】：在图层调板中，单击要移动的图层图标不放，将其拖动到要插入的位置，然后松开鼠标。

•【合并图层】：合并图层是将几个图层合并为一个图层，合并后不能再分开。合并图层有以下几种类型：

——【合并链接图层】：在【图层】调板中单击链接图层图标，把图层链接起来。单击菜单中【图层】→【合并链接图层】，或者按 Ctrl+E 键，完成合并。

——【合并可见图层】：单击菜单中【图层】→【合并可见图层】，或者按【Ctrl+Shift+E】键，可以把所有正在显示的图层合并到一起。

——【向下合并图层】：单击菜单中【图层】→【向下合并】，可以把正在显示的下面一个图层合并到一起。

•【显示／隐藏图层】：单击显示图层图标 ![icon]，可以隐藏该图层，再次单击可以重新显示。

项目 6
Photoshop 园林设计绘图案例

【教学目标】

（1）熟悉 Photoshop 制作园林建筑小品的命令与工具。

（2）掌握 Photoshop 制作平面效果图的流程与方法。

（3）掌握 Photoshop 进行园林建筑小品的后期处理的方法。

【技能目标】

（1）能熟练使用常用 Photoshop 工具及命令。

（2）能熟练使用 Photoshop 制作园林平面效果图。

（3）能熟练使用 Photoshop 进行园林建筑小品及效果图的后期处理。

任务 6.1

Photoshop 平面效果图绘制

（1）打印平面图EPS文件

① 打印彩图 EPS 文件　将荣园的 CAD 文件打开，将荣园旁边的楼房及绿地隐藏，并画出矩形框确定打印范围，如图 6-1 所示。点击【文件】→【打印】，在弹出的【打印】对话框中，选择自己设置的虚拟打印机打印机，图纸尺寸选择 A3，打印范围选择窗口，并按照之前画好的矩形框确定打印范围，勾选【居中打印】和【打印到文件】，点击确定，如图 6-2 所示。

② 打印黑白线稿 EPS 文件　将图中的文字、填充图案和树木全部隐藏，如图 6-3 所示。点击【文件】→【打印】，在弹出的【打印】对话框中，在【名称】中点击【上一次打印】，勾选【居中打印】和【打印到文件】，在【打印样式】中选择【monochrome】，这样文件打印出来就是黑白线条的，如图 6-4 所示。点击【确定】，修改文件名称，确定打印。

（2）将EPS文件导入Photoshop中

在 Photoshop 中打开两个 EPS 文件，在弹出的【栅格化通用 EPS 格式】对话框中，将【分辨率】设为 300，【颜色模式】为 RGB 颜色。按住 Shift 键，将一个文件拖到另一个文

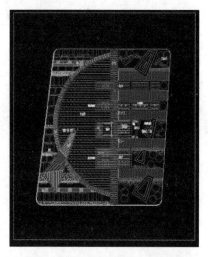

图 6-1　打开文件（打印彩图）

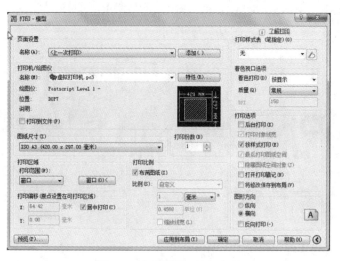

图 6-2　打印彩色 EPS 文件

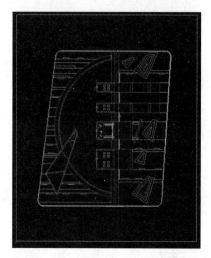

图 6-3　打开文件（打印黑白线稿）

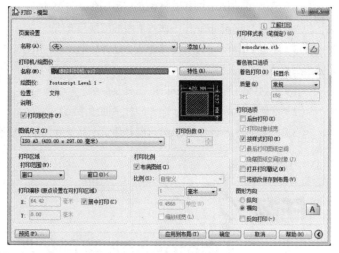

图 6-4　打印黑白线稿 EPS 文件

件中。修改图层名称，彩图 EPS 图层为"彩图"，黑白线稿 EPS 图层为"线稿"，并在两个图层下面新建一个图层并填充白色，如图 6-5 所示。

（3）填充铺装图案

① 定义铺装图案　将需要使用的铺装图案图片在 Photoshop 中打开，点击【编辑】→【定义图案】，在弹出的【图案名称】对话框中点击【确定】。按照这种方法，将需要使用的铺装图案全部定义完成。

② 填充地面铺装图案　先关掉"彩图"图层，在"线稿"图层中运用魔棒工具选择需要填充相同铺装图案的区域。新建"铺装 1"图层，并填充任意颜色。双击图层后部，弹出【图层样式】对话框，选择【图案叠加】，在【图案】中选择之前定义好的图案，调整缩放值，使图案比例合适，如图 6-6 所示。点击【确定】，完成图案填充。按照这种方法，填充所有的铺装区域，如图 6-7 所示。

③ 填充木质平台图案　因为木质平台木质纹理的方向不同，所以需要运用不同方法进行填充。首先将选好的木纹图案拖入文件中，使用【自由变换】命令将木纹图案调整到

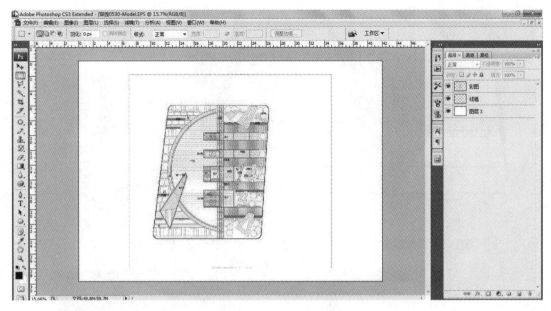

图 6-5　导入 EPS 文件

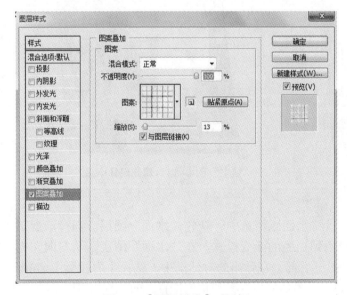

图 6-6　【图层样式】对话框

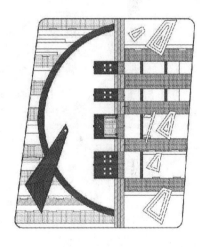

图 6-7　填充铺装区域

纹理大小合适，并与"彩图"中纹理方向一致。在"线稿"图层选择需要填充的区域，在"木纹"图层，点击 Ctrl+Shift+I 进行反选，点击 Delete 删除多余的部分，如图 6-8 所示。将其他的木纹用相同方法填充，如图 6-9 所示。

（4）填充绿地

在"线稿"图层，使用魔棒工具将草地区域选中，新建"草地"图层，填充绿色。使用相同方法，将规则绿篱和地形填充绿色，注意地形每一层的绿色都不相同，且逐层变浅。用定义图案的方法，将竹林区域填充图案。填充完的绿地如图 6-10 所示。

（5）填充园林小品

将图中的园林小品填充成红色，将座椅、台阶和石头也分别填充颜色，如图 6-11 所示。

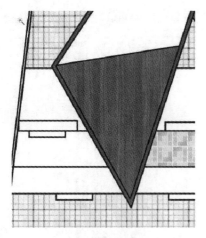

图6-8 删除多余部分

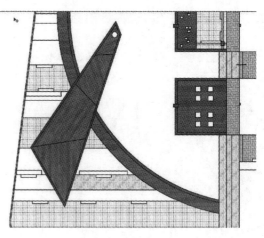

图6-9 填充木纹

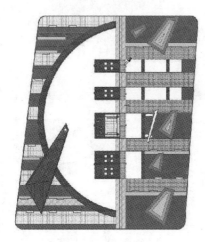

图6-10 填充绿地

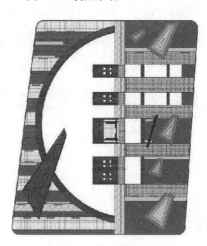

图6-11 填充园林小品

（6）填充水面

在"线稿"图层，使用魔棒工具将水面区域选中，新建"水面"图层。选择渐变工具，将前景色设为蓝色，选择前景色到白色的渐变模式。在"水面"图层，从右向左拖拽，制作出渐变的水面效果。双击图层后部，在弹出的对话框中，选择【内投影】，并调整角度为30°，不勾选【使用全局光】。添加喷泉图案到相应位置，如图6-12所示。

（7）添加树木

将"彩图"图层打开，按照彩图中树木的位置与大小添加树木素材，树木全部添加后将其合并为一个图层。双击图层后部，在弹出的对话框中选择【投影】，不勾选【使用全局光】，角度设为150°，如图6-13所示。

（8）添加指北针、比例尺和图例

添加指北针和比例尺。制作图例，首先新建图层，运用椭圆选框工具画出圆形，并填充黄色，根据彩图中文字注释的位置不断添加黄色圆形。使用文字工具，添加数字。在右侧空白位置添加景点名称，如图6-14所示。

（9）图面后期处理

①裁切图纸 根据文件中线框的位置，使用裁切工具对图纸进行裁切。

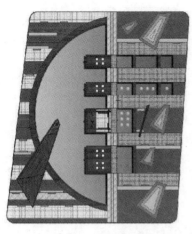

图 6-12　填充水面

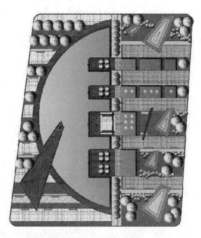

图 6-13　添加树木

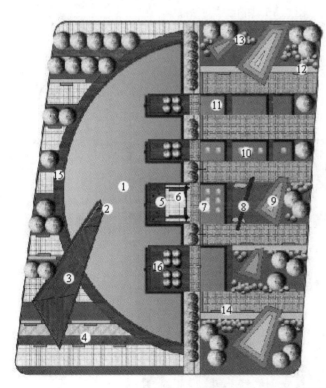

1.　中央水景
2.　"凝聚"中国结
3.　亲水平台
4.　幽幽竹林
5.　石凳
6.　悠然亭
7.　泡泡涌泉
8.　门框景架
9.　奔跑的草坡
10.　单设喷泉
11.　跌水口
12.　规则绿篱
13.　景观种植
14.　坐凳
15.　环路
16.　树阵平台

图 6-14　添加指北针、比例尺和图例

　　② 调整图层位置　将"线稿"图层调整到树木、指北针比例尺和图例图层以下，其他图层以上。

　　③ 调整画面颜色　选中最上面的图层，点击图层面板下方【创建新的图层或调整填充】→【曲线】，在弹出的【曲线】对话框中进行调整，如图 6-15 所示。完成的画面如图 6-16 所示。

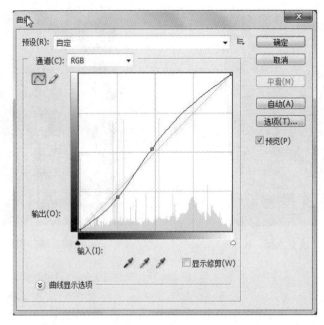

图 6-15 【曲线】对话框

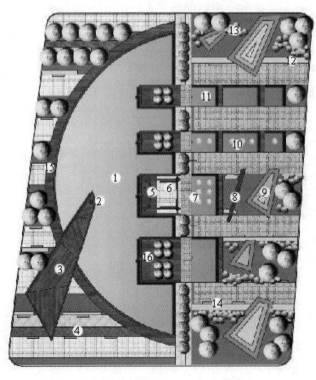

图 6-16 完成的画面

1. 中央水景
2. "凝聚"中国结
3. 亲水平台
4. 幽幽竹林
5. 石凳
6. 悠然亭
7. 泡泡涌泉
8. 门框景架
9. 奔跑的草坡
10. 单设喷泉
11. 跌水口
12. 规则绿篱
13. 景观种植
14. 坐凳
15. 环路
16. 树阵平台

任务 *6.2*

Photoshop 园林建筑小品效果图后期处理

6.2.1　亭廊效果图后期处理

（1）启动 Photoshop。单击【文件】→【打开】，打开"项目 6/ 任务 6.2.1/ 廊 .tif"图像文件。

（2）在图层面板中双击背景层，弹出对话框后按回车确认，将图层解锁并将图层重命名为"廊"。

（3）打开通道面板，按住键盘上的 Ctrl 键同时，单击"Alpha1 通道"载入选区，如图 6-17 所示。

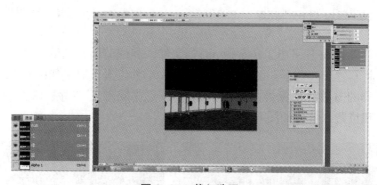

图 6-17　载入选区

（4）回到图层面板，同时按住键盘上的 Ctrl+Shift+I 键进行反选，按 Delete 键删除选区内的图案，此时背景黑色部分变为透明，如图 6-18 所示。

（5）打开"项目 6/ 任务 6.2.1/ 天空 .jpg"文件，使用移动工具拖动到"廊 .tif"文件窗口中，将其置于"廊"图层下面，合理调整大小和位置，效果如图 6-19 所示。

图 6-18　删除选区内图案

图 6-19　添加"天空"图层

（6）打开"项目 6/ 任务 6.2.1/ 竹子 .tif"文件，利用前面介绍的方法将"竹子"移动到效果图中，将其置于"天空"图层上方，调整大小和位置，效果如图 6-20 所示。

（7）选中"竹子"图层，按住 Alt 键移动对象，将该图层复制若干份，调整它们的位置和大小，确认后将所有"竹子"图层合并，效果如图 6-21 所示。

图 6-20　添加"竹子"图层　　　　　　　　图 6-21　复制并合并"竹子"图层

（8）打开"项目 6/ 任务 6.2.1/ 石径 .jpg"文件，利用前面介绍的方法将"石径"移动到效果图中，将其置于"竹子"图层上方，调整大小和位置，效果如图 6-22 所示。

（9）用同样的方法将"背景树 1""背景树 2""背景树 3""背景树 4"移动到效果图中，调整大小和位置，效果如图 6-23 所示。

图 6-22　添加"石径"图层　　　　　　　　　图 6-23　添加背景树

（10）打开"项目 6/ 任务 6.2.1/ 灌木 .tif"文件，用同样的方法将其移动到效果图中，并复制若干份，合理调整位置和大小，注意灌木的阴影方向与廊本身的阴影方向相同，并满足近大远小的原则。

（11）用同样的方法在效果图中置入"苗圃""树 5""树 6""太湖石 01""太湖石 02""花丛""灌木 2""灌木 3"等素材，效果如图 6-24 所示。

（12）将"背景树 3"图层复制一份，命名为"树阴影"，置于"廊"图层上方。使用扭曲、变形命令将其作变形处理，然后调整【色相 / 饱和度】，并将该图层的不透明度调

图 6-24　添加其他素材

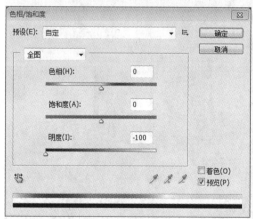

图 6-25　制作树木阴影

整为 50%，制作出树木阴影，参数及效果如图 6-25 所示。

（13）在图层面板中按住 Ctrl 键单击"廊"图层，建立"廊"图层的选区。在图层面板中选择"树阴影"图层，单击图层面板下方的【添加图层蒙版】 ，对多余的阴影进行隐藏，效果如图 6-26 所示。

（14）用同样的方法制作阴影，亭廊效果图最终如图 6-27 所示。

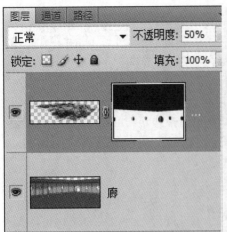

图 6-26　隐藏多余阴影

图 6-27　亭廊效果图

6.2.2　园桥效果图后期处理

（1）启动 Photoshop。单击【文件】→【打开】，打开"项目 6/ 任务 6.2.2/ 桥 .tif"图像文件。

（2）在图层面板中双击背景层，弹出对话框后按回车确认，将图层解锁并将图层重命名为"桥"。

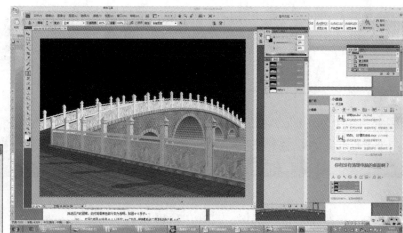

图 6-28　载入选区

（3）打开通道面板，按住键盘上的 Ctrl 键同时，单击"Alpha1 通道"载入选区，如图 6-28 所示。

（4）回到图层面板，同时按住键盘上的 Ctrl+Shift+I 键进行反选，按 Delete 键删除选区内的图案，此时背景黑色部分变为透明，如图 6-29 所示。

（5）打开"项目 6/ 任务 6.2.2/ 背景 .tif"文件，使用移动工具拖动到"桥 .tif"文件窗口中，将其置于"桥"图层下面，合理调整大小和位置，效果如图 6-30 所示。

图 6-29　删除选区内的图案

图 6-30　添加背景

（6）打开"项目 6/ 任务 6.2.2/ 水面 .jpg"文件，按住鼠标左键不放，拖动鼠标至效果图中，然后释放鼠标，将"水面"图像复制到效果图中。在图层面板中，将"水面"所在的图层调整至效果图所在图层的上方，效果如图 6-31 所示。

（7）在图层面板中，单击"水面"图层前的 ◉ 按钮，将"水面"图层隐藏。选中"桥"图层，在命令面板中单击 ✎ 按钮，设置容差值为 20，配合选区的加法操作，在效果图中选择紫色部分，如图 6-32 所示。

（8）在图层面板中，确认当前图层为"水面所在图层，再次单击打开"水面"图层前面的 ◉ 按钮，同时按住键盘上的 Ctrl+Shift+I 键进行反选，然后按 Delete 键删除选区内的图像，此时效果图中的紫色部分变为修改后的"水面"图像，如图 6-33 所示。

图 6-31　添加"水面"图层

（9）按 Ctrl+D 取消选区，打开"项目 6/ 任务 6.2.2/ 灌木 .tif"文件，利用前面介绍的方法将"灌木"移动到效果图中，将其置于"水面"图层上方，调整大小和位置，效果如图 6-34 所示。

（10）选中"灌木"图层，按住鼠标左键不放拖动到图层面板下面的 按钮上释放，将该图层复制一份，在图层面板中调整至"灌木"图层下方，命名为"灌木阴影"。

（11）选中"灌木阴影"图层，在菜单栏中执行【编辑】→【变换】→【扭曲】命令，调整其扭曲的程度，按回车确认，注意灌木的阴影方向与桥本身的阴影方向相同，扭曲后效果如图 6-35 所示。

图 6-32　选区的加法操作　　　　　　　　图 6-33　删除选区内图像

图 6-34　添加"灌木"图层　　　　　　　　图 6-35　添加"灌木阴影"图层

图6-36 【亮度/对比度】参数及效果图

（12）选中"灌木阴影"图层，在菜单栏中执行【图像】→【调整】→【亮度/对比度】命令，参数及效果如图6-36所示。

（13）在菜单栏中执行【滤镜】→【模糊】→【高斯模糊】命令，调整图片的模糊程度。在图层面板中将"灌木阴影"图层的不透明度调整为40%，参数和效果如图6-37所示。

图6-37 【高斯模糊】参数及效果图

（14）将"灌木"图层和"灌木阴影"图层合并，选中合并后的图层，用前面讲过的复制图层的方法将其复制若干个，并在效果图中调整它们的位置和大小，满足近大远小的原则，效果如图6-38所示。

（15）打开"项目6/任务6.2.2/路灯.tif"文件，利用前面介绍的方法将"路灯"移动到效果图中，调整位置和大小。利用前面介绍的方法，制作路灯的阴影。效果如图6-39所示。

（16）打开"项目6/任务6.2.2/人物.tif"文件，利用前面介绍的方法将"人物"移动到效果图中，调整位置和大小。利用选区工具，并配合选区加减法的操作，建立桥栏杆挡板的部分选区，将"人物"与桥的栏杆和挡板重叠的部分删除，如图6-40所示。

（17）打开"项目6/任务6.2.2/背景树.tif"文件，利用前面介绍的方法将"背景树"

图 6-38　复制灌木

图 6-39　制作路灯阴影

图 6-40　删除重叠部分

图 6-41　园桥最终效果图

移动到效果图中，在菜单栏中执行【编辑】→【变换】→【水平翻转】命令，调整位置和大小，园桥效果最终如图 6-41 所示。

任务 6.3

Photoshop 居住区公园效果图后期处理

（1）启动 Photoshop。单击【文件】→【打开】，打开"项目 6/ 任务 6.3.2/ 居住区初始图 .psd"图像文件。里面包含了"建筑模型"和"颜色材质通道"两个图层。

（2）打开"项目 6/ 任务 6.3.2/ 天空 .jpg"图像文件，使用【移动工具】将其拖动到"居住区初始图 .psd"文件中，调整天空的位置，如图 6-42 所示，并将该图层命名为"天空"，置于最下一层。

（3）打开"项目 6/ 任务 6.3.2/ 配景 .psd"图像文件，选择"远景配楼"素材，将其拖动到"居住区初始图 .psd"文件中，调整大小和位置，如图 6-43 所示。

图 6-42　"天空"图层

图 6-43　添加"远景配楼"

图 6-44　"远景树"图层

（4）打开"项目 6/ 任务 6.3.2/ 植物 .psd"图像文件，将其拖动到"居住区初始图 .psd"文件中，复制若干份，调整大小和位置，确认后将图层合并，命名为"远景树"，如图 6-44所示。

（5）打开"项目 6/ 任务 6.3.2/ 草地 .jpg"图像文件，将其移动到当前效果图操作窗口，按 Ctrl+T 键，对草地进行变换，将草地的透视点压低，如图 6-45 所示。

（6）选择"图层 0"，使用【魔棒工具】 ，对效果图规划的草地区域进行选择。在图层面板中选择"草地"图层，单击图层面板下方的【添加图层蒙版】 ，对多余草地进行隐藏，效果如图 6-46 所示。

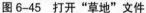

图 6-45　打开"草地"文件　　　　　　图 6-46　添加"草地"图层

技巧与提示：在添加图层蒙版的时候，如果在添加完成之后，发现还有部分区域没有被隐藏，或者部分区域被过多地隐藏了，可以对蒙版进行编辑，将需要编辑的区域使用选择工具进行选择，如果要将图层内容显示出来，则填充白色；如果要对选区内容进行隐藏，则填充黑色。

（7）选择【加深工具】 ，在工具选项栏中设置范围为阴影，曝光度为 11%。设置完毕后，对草地边缘进行加深处理，制作草地边缘的厚度感，效果如图 6-47 所示。

（8）双击"草地"图层，打开【图层样式】对话框，选择【投影】选项，制作草地边缘的投影效果，使画面更真实，参数及效果如图 6-48 所示。

图 6-47　对草地边缘进行处理

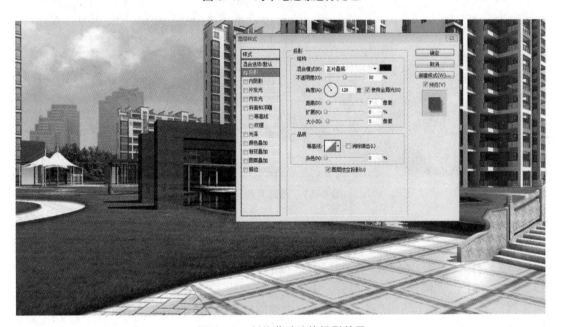

图 6-48　制作草地边缘投影效果

（9）打开"项目 6/ 任务 6.3.2/ 配景 .psd"图像文件，选择如图 6-49 所示花卉素材，将其移动到当前效果图中，调整位置和大小，如图 6-50 所示。

（10）用同样的方法添加其他花卉素材，效果如图 6-51 所示。

（11）花卉添加完成之后，还需要添加一些树木，制作小区绿树成荫的效果，在添加树木的时候，尽量从远处开始添加，这样避免了图层顺序的麻烦。运用前面的方法添加园景树，效果如图 6-52 所示。

（12）打开"项目 6/ 任务 6.3.2/ 配景 2.psd"图像文件，选择"柳树挂角"素材，将

图6-49　花卉素材

图6-50　添加花卉

图6-51　添加其他花卉

其拖动到效果图的操作窗口，按 Ctrl+T 键，调整挂角树的大小并置于右上角，如图6-53所示。

（13）打开"项目6/ 任务 6.3.2/ 阴影 .psd"图像文件，将其移动到效果图的操作窗口，按 Ctrl+T 键，调整影子的大小。选择使用【魔棒工具】，将直接投影在桥侧面的阴影进行选择，如图 6-54 所示，按 Delete 键删除。更改阴影图层混合模式为【强光】，如图 6-55 所示。

（14）选择"阴影"图层，按 Ctrl+J 键，将阴影复制一层，按 Ctrl+T 键，将该图层顺时针旋转 90º，如图 6-56 所示。

（15）使用【魔棒工具】，将桥的侧面进行选择，选区如图 6-57 所示。

（16）切换到"阴影副本"图层，单击图层面板下方的【添加图层蒙版】，将多余的阴影进行隐藏。

技巧与提示：在制作投影效果时，注意在直角区域，影子的投射也呈直角投射，而不仅仅是水平方向投射。

图 6-52　添加树木

图 6-53　添加"柳树挂角"

图 6-54　选择阴影

图 6-55　更改图层混合模式

图 6-56　旋转"阴影"图层

图 6-57　选择桥的侧面

模块 4

SketchUp 基本操作与园林设计应用

项目 7
SketchUp 基本操作

【知识目标】

（1）了解 SketchUp2015 在园林设计中的应用。

（2）熟悉 SketchUp2015 的操作界面。

（3）掌握 SketchUp2015 常用基本工具的使用方法。

【技能目标】

（1）能熟练应用 SketchUp2015 的基本工具进行图形的绘制。

（2）能熟练应用 SketchUp2015 的基本工具进行图形的编辑。

（3）能熟练应用 SketchUp2015 的基本工具进行图形的管理。

任务 7.1
了解 SketchUp 在园林设计中的特点

7.1.1　直观的显示效果

在使用 SketchUp 进行设计创作时，可以实现"所见即所得"，设计过程中的任何阶段都可以作为直观的三维成品，并能快速切换不同的显示风格，如图 7-1、图 7-2 所示。

因此在使用 SketchUp 进行项目创作时，不但可以摆脱传统的绘图方法的烦琐与枯燥，而且能与客户进行更为直接、灵活和有效的交流。

7.1.2　便捷的操作性

SketchUp 的界面十分简洁，所有的功能都可以通过界面菜单与工具按钮在透视图内直接完成。对于初学者来说，很快即可上手运用。而经过一段时间的练习，成熟的设计师使用鼠标能像拿着铅笔一样灵活，不再受到软件繁杂操作的束缚，而专心于设计的构思与实现。

图 7-1　SketchUp 单色阴影显示效果

图 7-2　SketchUp 贴图阴影显示效果

7.1.3　优秀的方案深化能力

SketchUp 三维模型的建立基于最简单的推拉等操作，同时由于其有着十分直观的效果，因此使用 SketchUp 可以方便地进行方案的修改与深化，直至完成最终的方案效果。

7.1.4　全面的软件支持与互转

SketchUp 虽然称为"草图大师"，但其功能远远不局限于方案设计的草图阶段。SketchUp 不但能在模型的建立上满足建筑制图高精确度的要求，还能完美地结合 VRay、Piranesi 等软件，实现多种风格的表现效果。

此外 SketchUp 与 AutoCAD、3ds Max、Revit 等常用设计软件能进行十分快捷的文件转换互用，能满足多个设计领导的需求。

任务 *7.2*

熟悉 SketchUp 的操作界面与绘图环境

7.2.1 熟悉 SketchUp 的操作界面

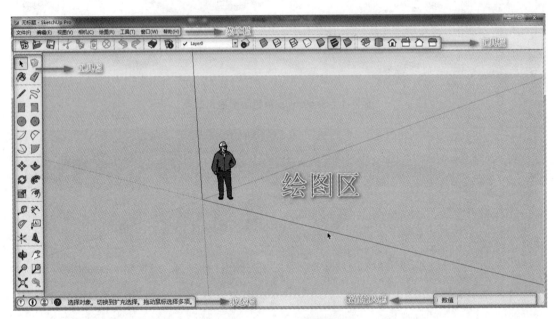

图 7-3 SketchUp 的操作界面

SketchUp 的操作界面主要由菜单栏、工具栏、状态栏、数值输入框以及中间空白区域的绘图区构成（图 7-3）。

（1）菜单栏

菜单栏有文件、编辑、视图、相机、绘图、工具、窗口和帮助 8 个主菜单，单击这些菜单可以打开相应的子菜单以及次级主菜单。

①【文件】菜单：用于管理场景中的文件。

②【编辑】菜单：用于对场景中的模型进行编辑操作。

③【视图】菜单：用于控制模型显示。

④【相机】菜单：用于改变模型显示。

⑤【绘图】菜单：包含了绘制图形的一些命令。

⑥【工具】菜单：主要包括对物体进行操作的常用命令。

⑦【窗口】菜单：打开或关闭相应的编辑器和管理器。

⑧【帮助】菜单：可以打开帮助文件了解软件各个部分的详细信息和学习教程。

（2）工具栏

工具栏是 SketchUp 对常用工具的集合，用户可以通过执行【视图】→【工具栏】菜

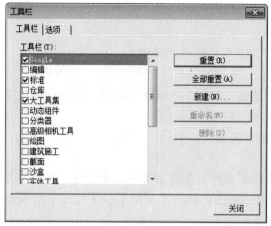
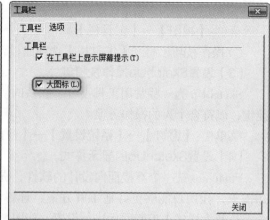

图 7-4　SketchUp 工具选项面板

单命令，打开【工具栏】选项面板，选择需要显示的工具栏和控制工具栏图标的显示大小，如图 7-4 所示。

（3）绘图区

绘图区占据了界面中最大的区域，在这里可以创建和编辑模型，也可以对视图进行调整。在绘图窗口中还可以看到绘图坐标轴，分别用红（X 轴）、绿（Y 轴）、蓝（Z 轴）三色显示。

（4）数值输入框

数值输入框位于绘图区的右下方，显示绘图过程中的尺寸信息，也可以接受键盘输入的数值。数值输入框支持所有的绘制工具，其工作特点如下：

① 鼠标指定的数值会在数值控制框中动态显示。

② 可以在命令操作过程中输入数值，也可以在命令完成后输入数值，按回车键确认，在下一个命令开始前可以持续不断地改变输入数值。

③ 输入数值之前不需要单击数值输入框，直接在键盘上输入，数值输入框会随时接受命令。

（5）状态栏

位于绘图区的底部，用于显示命令的描述和操作提示，会随着对象的改变而改变，操作者可以根据提示，准确地进行操作。

7.2.2　设置 SketchUp 的绘图环境

（1）设置 SketchUp 的绘图单位

SketchUp 默认以英寸（美制）为绘图单位，而我国设计规范均以毫米（公制）为单位，精确度通常为 0mm。因此在使用 SketchUp，第一步应该调整系统单位。

① 调用命令

菜单：【窗口】→【模型信息】→【单位】。

② 操作技巧　打开【单位】选项面板，单击【格式】下拉选项，选择"十进制"，并在其后下拉按钮中选择"mm"，最后单击【精确度】下拉按钮，选择 0mm。

（2）设置 SketchUp 工具栏

用户可以根据需要调整出更多的工具栏，默认设置下 SketchUp 仅有一行横向的工具栏。

① 调用命令

菜单：【视图】→【工具栏】。

② 操作技巧　打开【工具栏】选项面板，勾选要显示的工具栏。

（3）设置SketchUp操作快捷键

SketchUp为一些常用工具设置了默认的快捷键，如图7-5所示，用户也可以自定义快捷键，以符合个人的操作习惯。

菜单栏：【窗口】→【系统设置】→【快捷方式】。

（4）设置SketchUp的显示样式

Sketchup是一个直接面向设计的软件，提供了多种对象显示效果以满足设计方案的表达需求，让用户能够更好地了解方案，理解设计意图。执行【窗口】→【样式】菜单命令，打开【样式】控制面板进行设置，如图7-6所示。

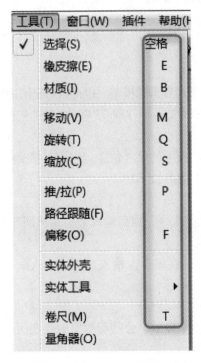

图7-5　默认快捷键调用命令

图7-6　样式选项面板 ① 设置边线显示

① 设置边线显示　在【样式】编辑器中单击【编辑】选项卡，即可看到5个不同的设置面板，其中最左侧的是【边线设置】面板，该面板中的选项用于控制几何体边线的显示、隐藏、粗细以及颜色等，如图7-7所示。

② 设置平面显示模式　在【样式】编辑器中单击【平面设置】选项卡，该选项卡包含了6种表面显示模式，分别是【线框显示模式】、【隐藏线显示模式】、【阴影显示模式】、【纹理阴影显示模式】、【着色显示模式】和【X-Xay显示模式】。另外，在该面板中还可以修改材质的正面和背面颜色（SketchUp使用的是双面材质），如图7-7所示。

图 7-7　【边线设置】面板

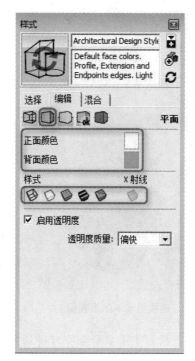

图 7-8　面显示效果

任务 *7.3*

掌握 Sketchup 的基本操作

7.3.1　SketchUp 视图操作

在使用 SketchUp 进行方案推敲的过程中，会经常需要通过视图的切换、缩放、旋转、平移等操作，以确定模型的位置或观察当前模型的细节效果。

（1）SketchUp 视图切换操作

① 功能　用于视图的快速切换。

② 调用命令方法

工具栏：【视图】→【顶视图】、【底视图】、【前视图】、【后视图】、【左视图】、【右视图】，如图 7-9 所示。

菜单：【相机】→【标准视图】→【顶视图】、【底视图】、【前视图】、【后视图】、【左视图】、【右视图】

技巧与提示：SketchUp 默认设置为"透视显示"，因此，所得到的平面与立面视图都非绝对的投影效果，执行

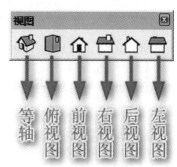

图 7-9　视图工具栏

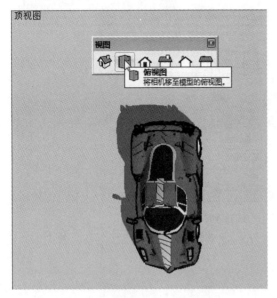

图 7-10　透视显示下的顶视图

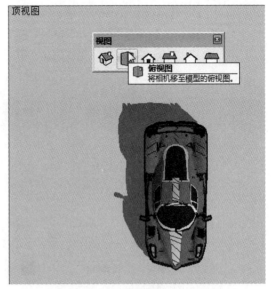

图 7-11　平行投影下的顶视图

【相机】→【平行投影】菜单命令即可得到绝对的投影视图，如图 7-10、图 7-11 所示。

（2）SketchUp视图旋转

①功能　用于在任意视图中旋转，快速观察模型各个角度的效果。

②调用命令方式

菜单：【相机】→【环绕观察】。

工具栏：【相机】→【环绕观察】。

快捷键：O；鼠标滚轮。

③操作技巧　启动命令，或按住鼠标中键进行拖动，即可对视图进行旋转。

（3）SketchUp视图实时缩放

①功能　用于调整整个模型在视图中的显示大小。

②命令调用方式

菜单：【相机】→【缩放】。

工具栏：【视图】→【缩放】。

快捷键：Z；前后滚动鼠标的滚轮。

③操作技巧　启动命令，按住鼠标左键不放，从屏幕下方往上方移动是扩大视图，从屏幕上方往下方移动是缩小视图。

（4）缩放窗口

①功能　通过缩放窗口可以划定一个显示区域，位于划定区域内的模型将在视图内最大化显示。

②调用命令方式

菜单：【相机】→【缩放窗口】。

工具栏：【相机】→【缩放窗口】。

快捷键：Ctrl+Shift+W。

③操作技巧　启动命令，按住鼠标左键在视图中划定一个区域即可进行缩放。

（5）充满视图

① 功能　用于快速地将场景中所有可见模型以屏幕的中心进行最大化显示。

② 调用命令方式

菜单：【相机】→【缩放范围】。

工具栏：【相机】→【充满视图】。

快捷键：Shift+Z 或 Ctrl+Shift+E。

③ 操作技巧　启动命令，即可将场景中所有可见模型以屏幕的中心进行最大化显示。

（6）平移视图

① 功能　用于整体拖动视图进行任意方向的调整，以观察当前未显示在视窗内的模型，当前视图内模型显示大小比例不变。

② 调用命令方式

菜单：【相机】→【平移】。

工具栏：【相机】→【平移】。

快捷键：H 或 Shift+ 鼠标中键。

③ 操作技巧　启动命令，当视图中出现抓手图标时，拖动鼠标即可进行视图的平移操作。

（7）撤销恢复视图

① 功能　用于视图操作的恢复与撤销。

② 命令调用方式

菜单：【相机】→【上一个 \ 下一个】。

工具栏：【相机】→【上一个】。

③ 操作技巧　启动命令，即可恢复或撤销视图操作。

7.3.2　Sketchup 的选择与删除操作

（1）选择操作

① 功能　对其他工具命令指定操作的实体。

② 命令调用方式

菜单：【工具】→【选择】。

工具栏：【主要、使用入门、大工具集】→【选择】。

快捷操作：空格键。

③ 操作技巧

扩展选择：

• 单击：启动命令，用鼠标左键单击几何体，可以选中线、面。

• 双击：启动命令，用鼠标左键连续单击几何体的边线和面，可以选中与之相连的面或线。

• 三击：启动命令，用鼠标左键连续 3 次单击几何体的线、面，可以选中与这个线、面相连的所有面、线和被隐藏的虚线（组和组件不包括在内）。

编辑选择：

• 加选：使用选择工具的同时，按住 Ctrl 键可以进行加选。

- 反选：使用选择工具的同时，按住 Shift 键可以进行交替选择。
- 减选：使用选择工具的同时，按住 Ctrl+Shift 键可以进行减选。
- 全选：利用 Ctrl+A 组合键，可以将几何体全部选择。

窗选 / 框选：

- 窗选：启动命令，从左往右拖动鼠标，把要选择的对象完全包含在矩形选框内。
- 框选：启动命令，从右往左拖动鼠标，把要选择的对象与选框接触或包含在选框内。

（2）删除操作

① 功能　可以删除几何体，还具有隐藏和柔化边线的功能。

② 命令调用方式

菜单：【编辑】→【删除】。

工具栏：【主要、使用入门、大工具集】→【删除】。

③ 操作技巧

删除几何体：启动命令，单击要删除的几何体，或按住鼠标不放，在要删除的物体上拖动，被选中的物体会高亮显示，再次放开鼠标就可以全部删除。

隐藏边线：使用删除工具的时候，按住 Shift 键，可以隐藏边线。

柔化边线：使用删除工具的时候，按住 Ctrl 键，可以柔化边线；同时按住 Ctrl 和 Shift 键，可以取消边线的柔化。

Delete 键：要删除大量的线，先选择要删除的对象，然后按键盘上的 Delete 键；也可以选择编辑下拉菜单中的删除命令删除选中的物体。

Esc 键：如果偶然选中了不想删除的几何体，可以在删除之前按 Esc 键取消这次的删除操作。

7.3.3　SketchUp 绘图操作

（1）绘制直线

① 功能　绘制直线和连续线，或者闭合的平面，也可分割平面。

② 令调用方式

菜单：【绘图】→【直线】→【直线】。

工具栏：【绘图】→【直线】。

快捷键：L。

③ 操作技巧

制直线：启动【直线】绘图命令，在绘图区点击确定直线的起点，如图 7-12 所示。

沿着线段方向拖动鼠标，同时观察屏幕右下角【数值输入框】内数值，确定线段长度后再次单击鼠标，或者输入直线的长度，即完成目标线段的绘制，如图 7-13 所示。

技巧与提示：在线段的绘制过程中，如果没有确定线段终点，按下 Ese 键即可取消该次操作，如果连续绘制线段，则上一条线段的终点即为下一条线段的起点，因此，利用连续线段可以绘制任意的多边形平面，如图 7-14 所示。

在进行任意图形的绘制时，如果出现"在蓝轴上"的系统提示，则当前对象与 Z 轴平行；如果出现"在红轴上"的系统提示，则当前对象与 X 轴平行；如果出现在

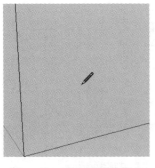

图 7-12 确定直线的起点

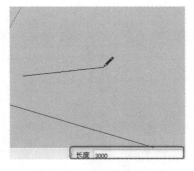

图 7-13 确定直线的端点

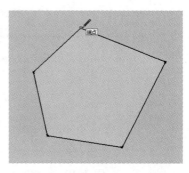

图 7-14 所示绘制连续的直线

"在绿轴上"的系统提示，则当前对象与 Y 轴平行。按住键盘上的 Shift 键，可以锁定直线的绘制方向。按键盘上的左键、下键、右键可以分别锁定 Y 轴、Z 轴、X 轴方向进行绘制。

线的捕捉与追踪功能：默认状况下，SketchUp 捕捉与追踪都已经设置好，在绘图的过程中可以直接运用，以提高绘图的准确度与工作效率。在 SketchUp 中，可以自动捕捉到直线的端点与中点，如图 7-15、图 7-16 所示。

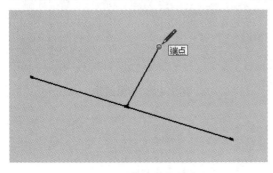

图 7-15 捕捉线段端点

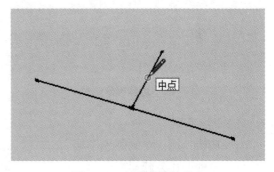

图 7-16 捕捉线段的中点

技巧与提示：如果在一条线段上拾取一点作为起点绘制直线，那么这条新绘制的直线会自动将原来的线段从交点处断开，如图 7-17 所示。

此外，将鼠标放置到直线的中点或端点，然后在垂直或水平方向移动鼠标即可进行追踪，如图 7-18、图 7-19 所示，通过到直线端点与中点的跟踪，可以轻松绘制出长度为线段的 1/2 且与之平行的另一条线段。

分线段：SketchUp 可以对线段进行快捷的等分操作，具体的步骤如下：

选择创建好的线段，单击鼠标右键，选择【拆分】命令，如图 7-20 所示。

向上轻轻推动鼠标，即可逐步增加等分段数，也可直接在【数值输入框】内输入分段数如图 7-21 所示。

使用直线分割模型面：在 SketchUp 中，直线不但可以相互分段，而且可以用于模型面的分割，如图 7-22 所示。

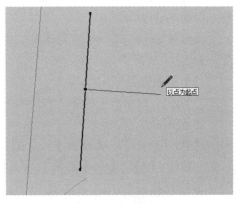

图 7-17 断开直线

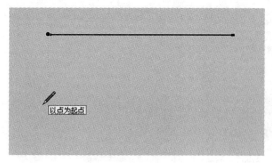

图 7-18 追踪起点

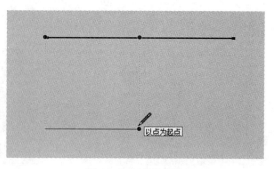

图 7-19 追踪中点

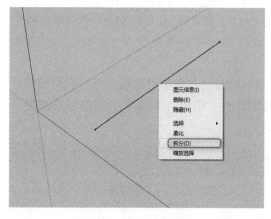

图 7-20 选择拆分命令

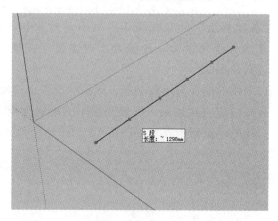

图 7-21 拆分线段

（2）绘制圆

① 功能　用于绘制圆形图形。

② 命令调用方式

菜单：【绘图】→【形状】→【圆】。

工具栏：【绘图】→【圆】。

快捷键：C。

③ 操作技巧

• 启动【圆】绘图命令，在绘图区点击确定圆心位置，如图 7-23 所示。

• 拖动光标拉出圆形的半径，再次单击即可创建出圆形平面，也可直接输入圆的半径，如图 7-24 所示。

技巧与提示：可以在确定好圆心后，输入"数量S"确定圆的边数，边数越多圆越平滑，如图 7-25 所示。

（3）绘制圆弧

① 功能　根据圆弧的中心和圆弧的起点、端点绘制圆弧图元。

② 调用命令

菜单：【绘图】→【圆弧】→【圆弧】。

工具栏：【绘图】→【圆弧】（从中心和两点绘制圆弧）。

③ 操作技巧

a. 启动【圆弧】绘图命令，在绘图区点击确定圆弧的中心，移动光标单击或者输入圆

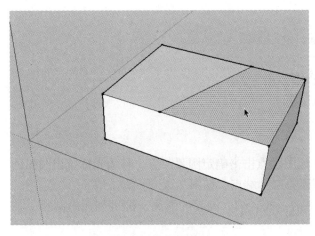

图 7-22　分割模型

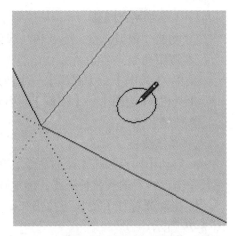

图 7-23　确定圆心位置

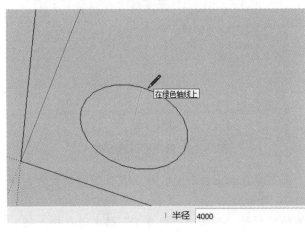

图 7-24　确定圆的半径

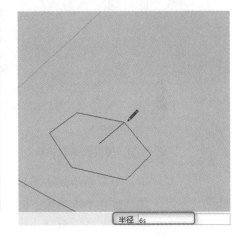

图 7-25　确定圆形的边数

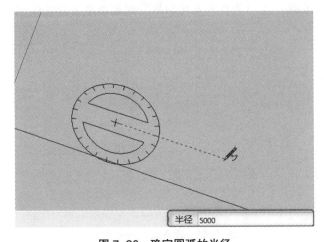

图 7-26　确定圆弧的半径

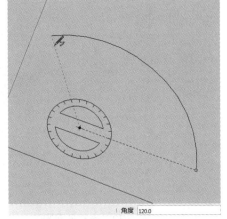

图 7-27　确定圆弧第二个端点

弧的半径确定圆弧的第一个端点，如图 7-26 所示。

　　b. 移动光标单击，或者输入圆弧的圆心角度数，确定圆弧的第二个端点，即可创建出圆弧，如图 7-27 所示。

（4）绘制两点圆弧

① 功能　根据起点、终点和凸起部分绘制圆弧。

② 调用命令

菜单：【绘图】→【圆弧】→【两点圆弧】。

工具栏：【绘图】→【圆弧】（两点圆弧）。

快捷键：A。

③ 操作技巧

a. 启动【两点圆弧】绘图命令，在绘图区点击击确定圆弧起点，移动光标拉出圆弧的弦长单击，或者输入弦长距离，确定圆弧第二个端点，如图 7-28 所示。

b. 拖动光标往上或往下拉出弧高单击，或者输入圆弧的弧高，即可创建出圆弧，如图 7-29 所示。

图 7-28　确定圆弧的弦长

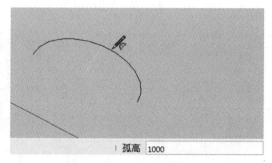

图 7-29　确定圆弧的弧高

技巧与提示：如果要绘制半圆弧段，则需要在拉出玄长后，往上或往下移动鼠标，待出现"半圆"提示时再单击确定，如图 7-30 所示。

除了直接输入"弧高"数值决定圆弧的度数外，如果以"数字 R"格式进行输入还可以半径数值确定弧度，如图 7-31 所示。

连续使用圆弧工具首尾相连绘制圆弧时，显示"在顶点处相切"则表示与上段弧线相切，如图 7-32 所示。

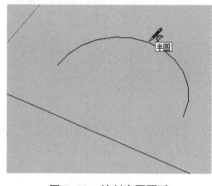

图 7-30　绘制半圆圆弧

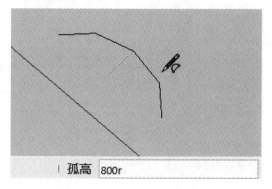

图 7-31　输入圆弧的半径

（5）绘制三点圆弧

① 功能　通过圆周上的三点画出圆弧。

② 调用命令

菜单：【绘图】→【圆弧】→【三点画弧】。

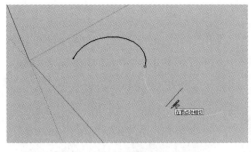

图 7-32　绘制相切的圆弧

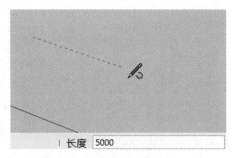

图 7-33　确定圆弧第二端点

工具栏:【绘图】→【三点画弧】。

③ 操作技巧

a. 启动【三点画弧】命令,点击确定圆弧的起点,从起点移动光标单击或者输入距离,设置圆弧第二点,圆弧始终通过该点,如图 7-33 所示。

b. 拖动光标至端点单击,或者输入圆弧圆心角角度,完成圆弧绘制,如图 7-34、图 7-35 所示。

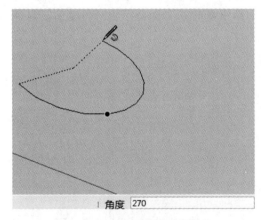

图 7-34　确定圆弧第三个端点

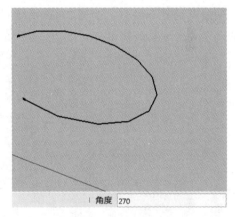

图 7-35　完成圆弧的绘制

（6）绘制扇形

① 功能　根据圆弧的中心和起点、终点绘制闭合的圆弧。

② 调用命令

菜单:【绘图】→【圆弧】→【扇形】。

工具栏:【绘图】→【扇形】。

③ 操作技巧　同绘制圆弧的操作方法一样,只是圆弧形成了封闭的扇形,如图 7-36 所示。

（7）创建矩形

① 功能　通过指定矩形的对角点来绘制矩形表面。

② 调用命令

菜单:【绘图】→【形状】→【矩形】。

工具栏:【绘图】→【矩形】。

快捷键:R。

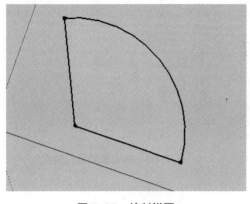

图 7-36　绘制饼图

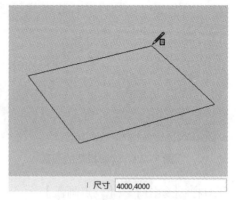

图 7-37　确定矩形的长和宽

③ 操作技巧　启用【矩形】绘图命令，在绘图区点击确定矩形的第一个角点，然后任意方向拖动鼠标单击，也可在【数值输入框】内输入长、宽数值，注意中间使用逗号进行分隔，确定第二个角点，如图 7-37 所示。

技巧与提示：在绘制矩形的时候，如果出现了一条虚线，并且带有"正方形"提示，则说明绘制的是正方形，如图 7-38 所示；如果出现的是"黄金分割"的提示，则说明绘制的是带黄金分割的矩形，如图 7-39 所示。

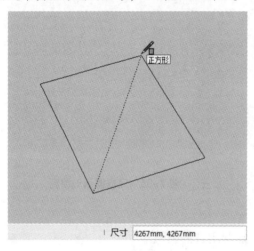

图 7-38　绘制正方形

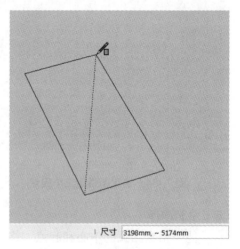

图 7-39　绘制黄金分割矩形

（8）绘制旋转矩形

① 功能　从三个角创建矩形面。

② 调用命令

菜单：【绘图】→【形状】→【旋转长方形】。

工具栏：【绘图】→【旋转矩形】。

③ 操作技巧

a. 启动【旋转矩形】命令，在绘图区点击确定矩形的第一个角点，移动光标确定矩形的第一条边的方向和长度，如图 7-40 所示。

b. 单击鼠标设置矩形的第二个角点，如图 7-41 所示。

c. 移动光标确定矩形的第二条边的方向和长度，如图 7-42 所示，单击鼠标完成旋转

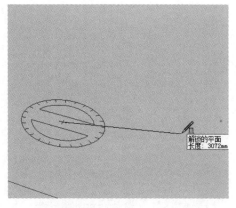

图 7-40 确定旋转矩形的第一条边的方向和长度

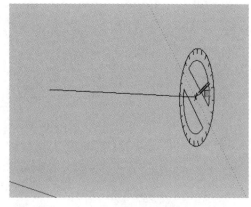

图 7-41 单击确定旋转矩形的第一条边

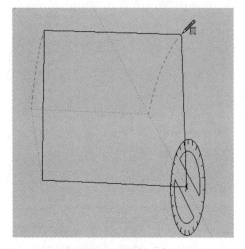

图 7-42 确定旋转矩形的第二条的长度和方向

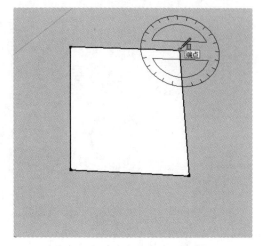

图 7-43 单击完成旋转矩形的创建

矩形的创建，如图 7-43 所示。

（9）绘制多边形

① 功能　绘制 3～100 条边的外接圆的正多边形。

② 调用命令

菜单：【绘图】→【形状】→【多边形】。

工具栏：【绘图】→【多边形】。

③ 操作技巧

a. 启动【多边形】绘图命令，在【数值输入框】输入多边形的边数，如 "12"，并按 Enter 键，如图 7-44 所示，然后在绘图区单击确定多边形的中心位置，如图 7-45 所示。

b. 移动光标标确定多边形的切向，然后输入多边形外接圆半径大小，如图 7-46 所示，并按 Enter 键确定，创建精确大小的正 12 边形平面，如图 7-47 示。

技巧与提示：【正多边形】与【圆形】之间可以进行相互转换，当【正多边形】边数较多时，整个图形会十分圆滑，此时接近于圆形的效果。同样当【圆形】的边数设置得较少时，其形状也会变成对应边数的【正多边形】。

（10）绘制手绘线

① 功能　用于绘制凌乱的、不规则的曲线平面。

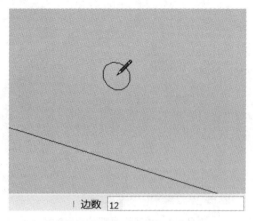

图 7-44　确定多边形的边数

图 7-45　确定多边形的中心

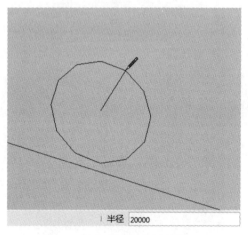

图 7-46　确定多边形的半径

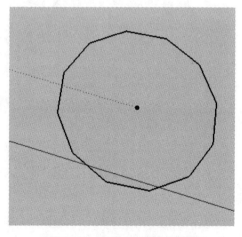

图 7-47　完成 12 边形的绘制

图 7-48　确定绘制起点

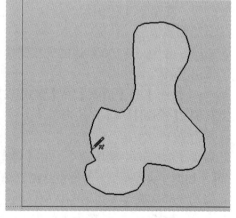

图 7-49　绘制不规则面

② 调用命令

菜单:【绘图】→【直线】→【手绘线】。

工具栏:【绘图】→【手绘线】。

③ 操作技巧

a. 启动【手绘线】绘图命令，在绘图区点击确定绘制起点（此时应保持左键为按下状态），如图 7-48 所示。

b. 任意移动鼠标创建所需要的曲线，当起点与终点重合时，就会生成封闭的不规则面，如图 7-49 所示。

7.3.4　SketchUp 的编辑操作

（1）移动物体

① 调用命令

菜单：【工具】→【移动】。

工具栏：【编辑】→【移动】。

快捷键：M。

② 操作技巧

移动对象：先选择模型，再启动【移动】命令，在模型上单击，确定移动起始点，如图 7-50 所示，再拖动鼠标即可在任意方向移动选择对象，如图 7-51 所示。

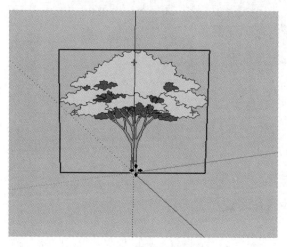

图 7-50　确定移动的起始点

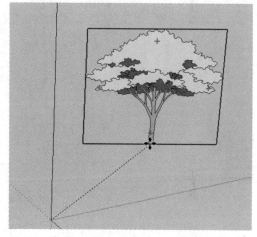

图 7-51　任意方向移动对象

将光标置于移动目标点，再次单击鼠标，即完成对象的移动，如图 7-52 所示。

如果要进行精确距离的移动，可以在确定移动方向后直接输入精确的数值，然后按 Enter 键确定即可。

移动复制对象：在移动时按住 Ctrl 键可以复制对象。

连续复制对象：在复制完成后，在右下角的命令框中输入"数量 X"如"5X"，可以连续复制 5 个副本，如图 7-53、图 7-54 所示。

间隔等分复制：在复制完成后，在右下角的命令框中输入"数量 /"如"5/"，可以在连两个复制对象之间，进行等分间隔复制，如"5/"，表示进行 5 等分复制，如图 7-55、图 7-56 所示。

（2）旋转物体

① 功能　可以在同一平面上旋转物体中的元素，也可以旋转单个或多个物体。

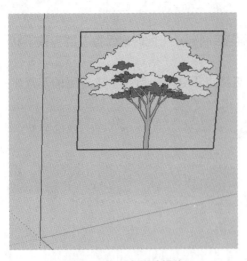

图 7-52　完成移动操作

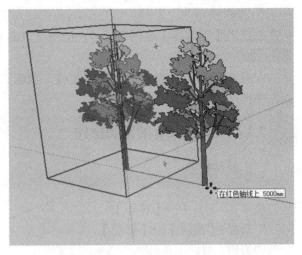

图 7-53　复制 1 个副本

图 7-54　复制 5 个副本

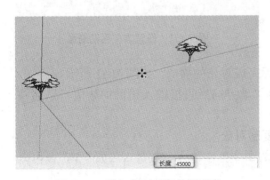

图 7-55　输入复制对象首尾距离

图 7-56　输入等分复制数量

② 调用命令

菜单:【工具】→【旋转】。

工具栏:【编辑】→【旋转】。

快捷键:Q。

③ 操作技巧

旋转对象：选择模型，再启动【旋转】工具，拖动光标确定旋转平面，然后确定旋转平面与轴心点，如图 7-57 所示。

拖动光标即可进行任意角度的旋转，如果要进行精确旋转，可以观察【数值控制框】数值或可以直接输入旋转角度，确定角度后单击鼠标左键，即可完成旋转，如图 7-58 所示。

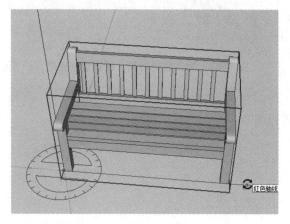

图 7-57　确定旋转平面、轴心点

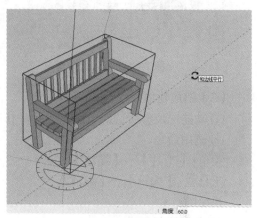

图 7-58　确定旋转角度

技巧与提示：当旋转平面显示为蓝色时，对象将以 Z 轴为轴心进行旋转；而显示为红色或绿色时，将分别以 X 轴或 Y 轴为轴心进行旋转。

旋转复制对象：在旋转时按住 Ctrl 键可以进行复制旋转。

连续旋转：旋转复制完成后，在数值输入框输入"数量 X"，可以进行连续旋转复制，如图 7-59、图 7-60 所示。

等分旋转复制：旋转复制完成后，在数值输入框输入"数量 /"，可以在两个对象之间进行等分旋转复制，如图 7-61、图 7-62 所示。

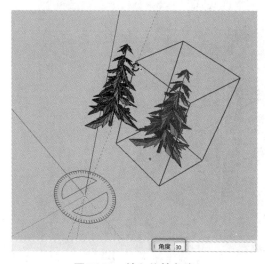

图 7-59　输入旋转角度

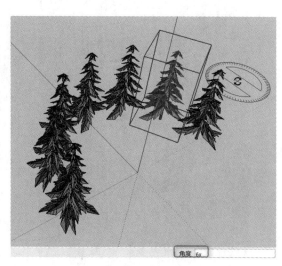

图 7-60　输入旋转复制数量完成复制

图 7-61　输入旋转角度

图 7-62　输入复制数量，旋转复制完成

（3）缩放物体

① 功能　调整所选对象的比例并对其进行缩放。

② 调用命令

菜单：【工具】→【缩放】。

工具栏：【编辑】→【缩放】。

快捷键：S。

③ 操作技巧

等比缩放：选择模型，启动【缩放】命令，模型周围即出现用于缩放的栅格，如图 7-63 所示。

选择任意一个位于顶点的栅格点，即出现"统一调整比例，在对角点附近"的提示，此时按住鼠标左键并进行拖动，即可进行模型的等比缩放，如图 7-64 所示。

技巧与提示：选择缩放栅格后，按住鼠标向上推动为放大模型，向下推动则为缩小模型。此外，在进行二维平面模型的等比缩放时，同样需要选择四周的栅格点方可进行等比缩放，如图 7-65 所示。

除了直接通过光标进行缩放外，在确定缩放栅格点后，直接输入缩放比例，然后按

图 7-63　选择缩放栅格顶点

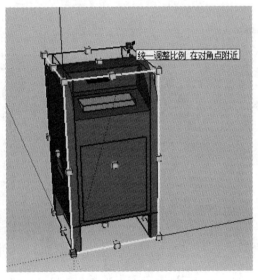

图 7-64　等比缩放

下 Enter 键即可完成精确比例的缩放，如图 7-66、图 7-67 所示。

技巧与提示：在进行精确比例的等比缩放时，数量小于 1 则为缩小，大于 1 则为放大，如果输入负值则对象不但会进行比例的调整，其位置也会发生镜像改变。如输入"-1"，会得到镜像的效果。

等比缩放：等比缩放各方向同比例改变对象的尺寸大小，其形状不会发生改变；而非等比缩放在改变对象尺寸的同时，会改变对象的形状。

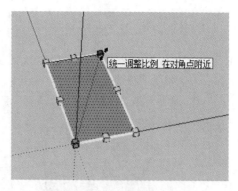

图 7-65　二维平面等比缩放

选择用于缩放的模型，启动【缩放】命令，选择位于栅格线中间的栅格点，即可出现"绿 \ 蓝色轴"或类似提示，如图 7-68 所示。

确定栅格点后，单击鼠标左键确定，然后拖动鼠标即可进行缩放，确定缩放大小后单击鼠标，即可完成缩放，如图 7-69 所示。

技巧与提示：除了"绿 \ 蓝色轴"的提示外，选择其他栅格点还可出现"红 \ 蓝色轴"或"红 \ 绿色轴"的提示，出现这些提示时都可以进行非等比缩放。此外选择某个位于面中心的栅格点还可进行 X、Y、Z 任意单个轴向上的非等比缩放，如图 7-70 所示。

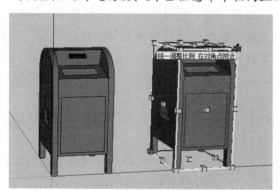

图 7-66　选择缩放栅格顶点

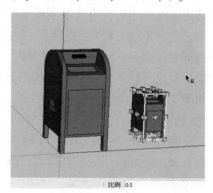

图 7-67　输入缩放比例，精确等比缩放

图 7-68　选择缩放栅格中点

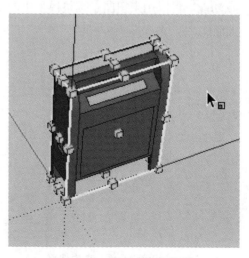

图 7-69　进行非等比缩放

图 7-70　沿蓝轴方向进行缩放

在缩放时，按住 Ctrl 键可以对对象进行中心缩放；在非等比缩放中，按住 Shift 键对整个几何体进行等比缩放而不是拉伸变形。同样，在使用对角点进行等比缩放时，也可以按住 Shift 键和 Ctrl 键，切换到所选几何体的非等比的中心缩放。

（4）偏移、复制图形

① 功能　对表面或一组共面的线进行偏移复制。

② 调用命令

菜单：【工具】→【偏移】。

工具栏：【编辑】→【偏移】。

快捷键：F。

③ 操作技巧

面的偏移复制：启动【偏移】命令，在要进行偏移的"平面"上单击，以确定偏移的参考点，然后向内拖动鼠标，即可进行偏移复制，如图 7-71 所示。

确定偏移大小后，再次单击鼠标左键，即可同时完成偏移与复制，如图 7-72 所示。

偏移工具不仅可以向内进行收缩复制，还可以向外进行放大复制。在"平面"上单击确定偏移参考点后，向外推动鼠标即可，如图 7-73、图 7-74 所示。

如果要进行精确指定距离的偏移复制，可直接输入偏移数值，再按下 Enter 键确定即可，如图 7-75 所示。

线的偏移复制：在 SketchUp 中，【偏移】工具无法对单独的线段以及交叉的线段进行偏移与复制，如图 7-76、图 7-77 所示。

而对于多条线段组成的转折线、弧线以及线段与弧线组成的线形，均可以进行偏移复制，如图 7-78，图 7-79 所示。其操作方法与"面的偏移复制"操作类似。

（5）推/拉面

① 功能　可以用来扭曲、调整模型中的表面，如移动、挤压等。

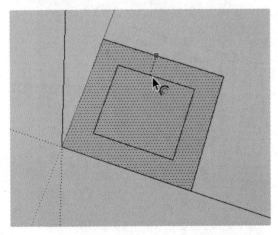

图 7-71　确定偏移平面，向内偏移

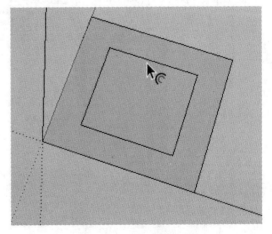

图 7-72　完成偏移复制

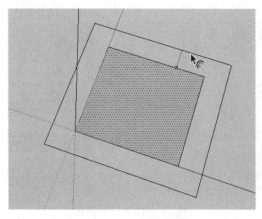

图 7-73　向外进行偏移

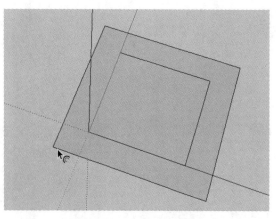

图 7-74　向外完成偏移

② 调用命令

菜单：【工具】→【推拉】。

工具栏：【编辑】→【推拉】。

快捷键：P。

③ 操作技巧

推拉单面：启动【推拉】命令，将其置于将要拉伸的"面"表面并单击确定，如图 7-80 所示。然后即可拖动鼠标拉伸出三维实体，拉伸出合适的高度后再次单击完成拉伸，如图 7-81 所示。

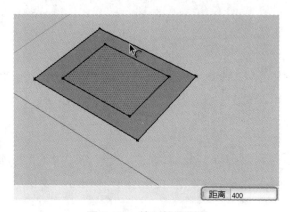

图 7-75　输入偏移距离

如果要进行精确高度的拉伸，则可以在单击确定拉伸完成前输入长度数值，再按下 Enter 键确认，如图 7-82、图 7-83 所示。

技巧与提示：在拉伸完成后再次启用【推拉】工具，可以直接进行拉伸，如图 7-84、图 7-85 所示。如果此时按住 Ctrl 键进行拉伸，则会以复制的形式进行拉伸，如图 7-86 所示。

（6）路径跟随

① 功能　将平面以垂直于预定的线运动得到的工具。

图 7-76　无法对单独线段偏移

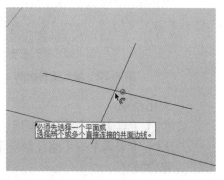

图 7-77　无法对交叉的线段进行偏移

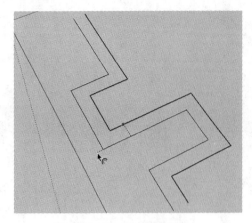

图 7-78　线段的偏移

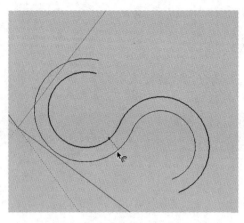

图 7-79　弧线的偏移

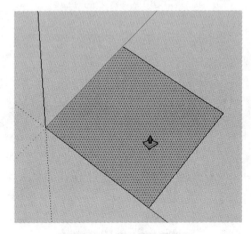

图 7-80　单击推拉的表面

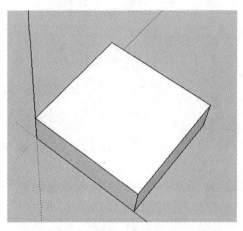

图 7-81　推拉形成的几何体

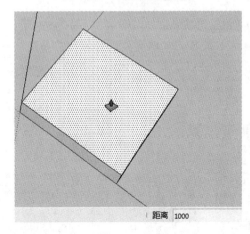

图 7-82　输入偏移距离

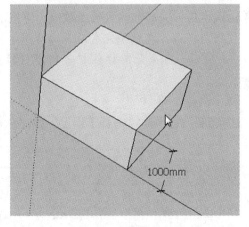

图 7-83　完成推拉效果

② 调用命令

菜单:【工具】→【路径跟随】。

工具栏:【编辑】→【路径跟随】。

③ 操作技巧

面与线的应用:启动【路径跟随】工具,单击选择其中的二维平面,如图 7-87 所示。

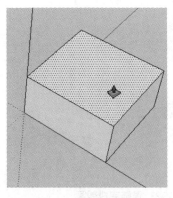

图 7-84　继续推拉

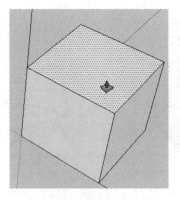

图 7-85　继续推拉对象

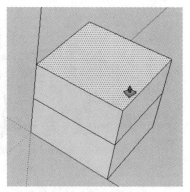

图 7-86　复制推拉对象

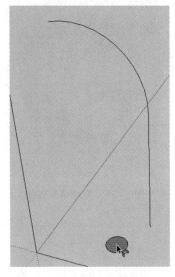

图 7-87　选择截面图形

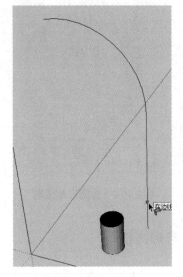

图 7-88　捕捉路径

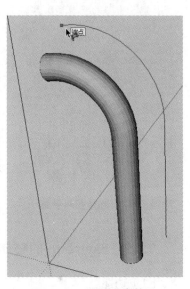

图 7-89　跟随完成效果

　　将光标移动至线形附近，此时在线形上就会出现一个红色的捕捉点，二维平面也会根据该点至线形下方端点的走势生成三维实体，如图 7-88、图 7-89 所示。

　　面与面的应用：利用【路径跟随】工具，通过"面"与"面"跟随，可以绘制室内具有线脚的天花板等常用构件，具体的方法如下：

　　a. 启动【路径跟随】命令，并单击选择截面，如图 7-90 所示。

　　b. 移动光标至天花板平面图形，然后跟随其捕捉一周，如图 7-91 所示。

　　c. 单击左键确定捕捉完成，最终效果如图 7-92 所示。

　　技巧与提示：在 SketchUp 中并不能直接创建球体、棱锥、圆锥等几何形体，通常在"面"与"面"上应用【跟随路径】工具进行创建，其中球体的创建步骤如图 7-93 至图 7-95 所示。

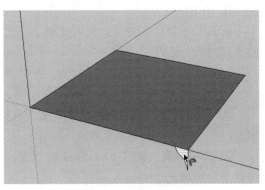

图 7-90　选择角线平面

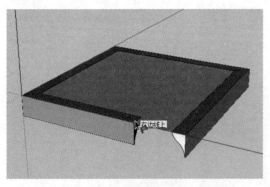

图 7-91　捕捉天花板平面

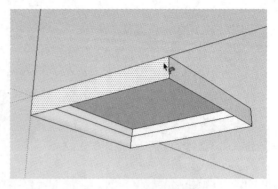

图 7-92　跟随完成效果

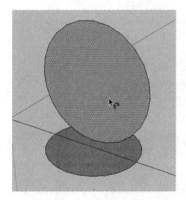

图 7-93　选择圆形平面

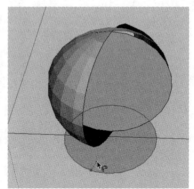

图 7-94　选择底部圆形

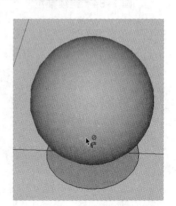

图 7-95　完球体成效果

7.3.5　Sketchup 的材质与贴图操作

（1）功能

赋予模型表面颜色和材质。

（2）命令调用方式

①菜单 【窗口】→【材质】。

②工具栏 【主要工具栏】→【材质】。

③快捷键：B。

（3）操作技巧

①单个填充

a. 启动【材质】命令，打开【材质】选项面板，单击【选择】选项，通过材质浏览器的下拉列表，选择材质库，如图 7-96 所示。

b. 从材质库中选择材质，如图 7-97 所示，点击要赋予材质的平面，如图 7-98 所示。

②邻接填充　按住 Ctrl 键填充材质时，所有与其相邻的其他平面将被填充同一材质。

③替换材质　按住 Shift 键填充，则模型中使用同一材质的所有平面都将被新材质填充。

④邻接替换　按住 Ctrl+Shift 键填充，则模型中与该平面连接且使用同一材质的平面将被新材质填充。

⑤提取材质　启动材质命令，按住 Alt 键单击对象材质表面，可以提取该材质。

图 7-96　选择材质库图

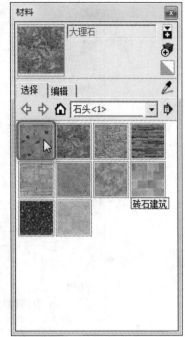

图 7-97　选择材质

⑥ 编辑材质　单击【编辑】选项按钮，打开材质的编辑选项面板，可以对材质的颜色、纹理、不透明度进行编辑，如图 7-99 所示。

技巧提示：如果需要从外部获得贴图纹理，可以在【材质】编辑器的【编辑】选项卡中勾选"使用纹理图像"选项，选择外部贴图路径。

⑦ 调整材质贴图

a. 选择已经赋予贴图的模型的表面并单击鼠标右键，然后选择【纹理】→【位置】命令，如图 7-100 所示。

b. 弹出用于调整贴图效果的半透明平面与四色别针，如图 7-101 所示。

c. 将光标置于某个别针上，系统将显示该别针的功能，如图 7-102 所示。然后详细了解各颜色别针的功能：

——红色别针为【贴图移动】别针，选择【位置】菜单后默认即启用该功能，此时拖动鼠标可以将贴图进行任意方向的移动，如图 7-103 所示。

技巧与提示：半透明平面内显示了贴图整体的分布效果，因此使用【贴图移动]】工具可以十分方便地将目标贴图区域移动至模型表面进行对齐。

——蓝色别针为【贴图缩放\剪切】别针，鼠标左键按住该按钮上下拖动，可以增加贴图竖向重复次数，左右拖动则改变贴图平铺角度，如图 7-104、图 7-105 所示。

——黄色别针为【贴图扭曲】别针，鼠标左键按住该按钮向任意方向拖动鼠标，将对贴图进行对应方向的扭曲，如图 7-106 所示。

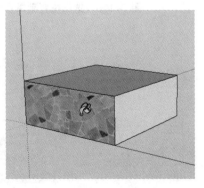

图 7-98　单击对象表面赋予材质

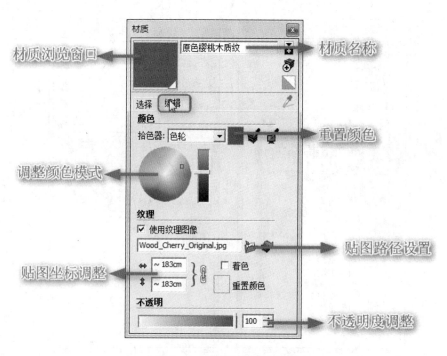

材质浏览窗口

材质名称

重置颜色

调整颜色模式

贴图路径设置

贴图坐标调整

不透明度调整

图 7-99 材质编辑选项面板

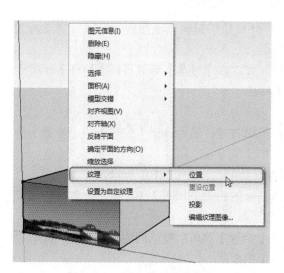

图 7-100 选择位置菜单命令

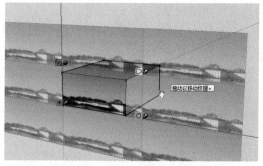

图 7-101 半透明平面与四色别针

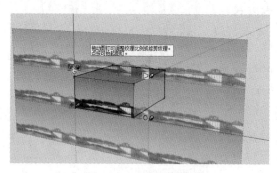

图 7-102 显示别针功能

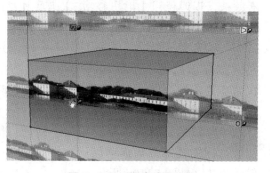

图 7-103 移动贴图位置

——绿色别针为【贴图缩放\旋转】别针，鼠标左键按住该按钮在水平方向左右移动，将对贴图进行等比缩放，上下移动则将对贴图进行旋转，如图 7-107 所示。

d. 通过以上任意方式调整好贴图效果后，再次单击鼠标右键，将弹出如图 7-108 所示的快捷菜单。如果确定重置调整完成，可以选择【完成】菜单命令结束调整；如果要返回初始效果，则选择【重设】菜单命令进行返回。

e. 通过【镜像】子菜单，可以快速对当前调整的效果进行【左\右】与【上\下】的镜像。

f. 通过【旋转】子菜单，还可以快速对当前贴图进行 90°、180°、270° 3 种角度的旋转。

7.3.7　Sketchup 群组与组件的操作

（1）创建编辑群组

① 功能　创建点、线、面或者实体的集合。

② 命令调用方式

菜单：【编辑】→【创建群组】。

③ 操作技巧

创建群组：选择要创建为群组的模型对象，执行创建群组命令；也可以在对象上单击鼠标右键，在弹出的菜单中选择创建群组。群组创建完成后，外侧会出现高亮显示的边界框，如图 7-109、图 7-110 所示。

分解群组：选择要炸开的群组，然后单击鼠标右键，接着在弹出的菜单中执行【分解】命令，如图 7-111 所示。

技巧与提示：分解后群组将恢复到成组之前的状态，组内的几何体和外部相连的几何

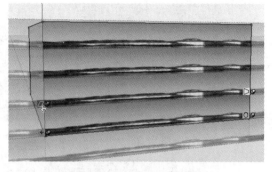

图 7-104　贴图重复效果

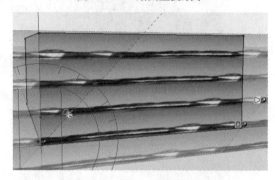

图 7-105　贴图平铺角度效果

图 7-106　贴图扭曲效果

图 7-107　贴图扭曲效果

图 7-108　右击弹出快捷菜单

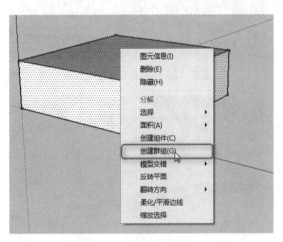

图 7-109　选择创建群组工具

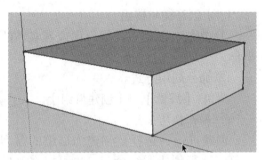

图 7-110　完成群组创建

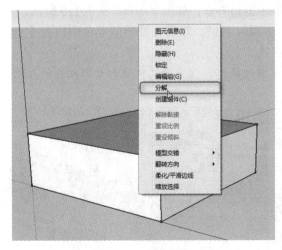

图 7-111　分解群组

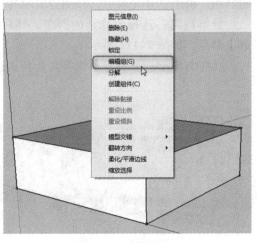

图 7-112　选择编辑组工具

体结合，并且镶嵌在组内的组会变成独立的组。

编辑群组：在群组上双击鼠标左键，或者单击鼠标右键，在弹出的菜单中执行【编辑组】命令，即可进入组内进行编辑，如图 7-112 所示。

（2）组件的创建与编辑

① 功能　是将一个或多个几何体的集合定义为一个单位，使之可以像一个物体那样进行操作。组件可以是简单的一条线，也可以是是整个模型，尺寸和范围没有限制。

② 命令调用方式

菜单：【编辑】→【创建组件】。

工具栏：【主要】→【制作组件工具】。

快捷键：G。

③ 操作技巧

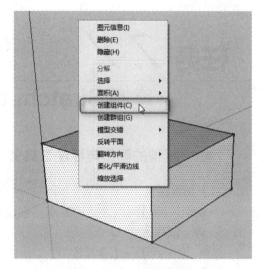

图 7-113　选择创建组

制作组件：选中要定义为组件的物体，执行【创建组件】命令，或者单击鼠标右键在弹出菜单中执行【创建组件】命令，即可将选择的物体制作成组件，如图 7-113 所示。

执行【制作组件】命令后，将会弹出一个【创建组件】的对话框用于设置组件的信息，如图 7-114 所示。

插入组件：打开组件编辑器，然后在【选择】选项卡中选中一个组件，接着在绘图区单击，即可将选择的组件插入到当前视图，如图 7-115 所示。

编辑组件：双击组件进入组件内部，即可对组件进行编辑。

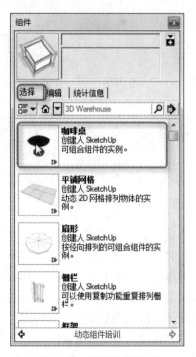

图 7-114　创建组件选项面板　　图 7-115　【选择】选项卡

任务 7.4

掌握 Sketchup 的基本工具

7.4.1 模型的测量与标注工具

（1）测量距离

① 功能　测量两点之间的距离，创建辅助线，缩放整个模型。

② 命令调用方式

菜单：【工具】→【卷尺】。

工具栏：【建筑施工】→【卷尺】。

快捷键：T。

③ 操作技巧

测量两点之间的距离：启动【卷尺】工具，当光标为⊙状态时，按 Ctrl 键切换光标为⊙状态，然后拾取一点作为测量的起点，如图 7-116 所示。

拖动鼠标会出现一条类似参考线的"测量带"，其颜色会随着平行的坐标轴变化，并且数值控制框会实时显示"测量带"长度，再次单击拾取测量的终点后，测量的距离会显示在【数值输入框】中，如图 7-117 所示。

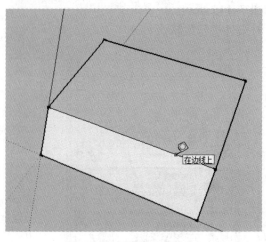

图 7-116　拾取测量起点

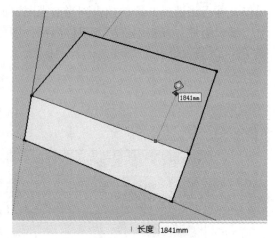

图 7-117　显示测量距离

全局缩放：启动【卷尺】工具，选择一条边作为缩放依据的线段，接着单击线段的两个端点，此时【数值输入框】会显示这条线段的当前长度 500mm，如图 7-118 所示。

通过键盘输入一个目标长度（如 1000mm），然后按 Enter 键确认，此时会出现一个对话框，询问是否调整模型的大小，在该对话框中单击【是】按钮，如图所 7-119 所示，模型中所有物体都将按照指定长度和当前长度的比例缩放。

（2）测量角度与创建辅助线

① 功能　测量角度，并创建辅助线。

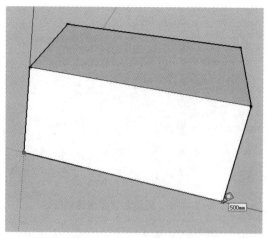

图 7-118　测量参照长度

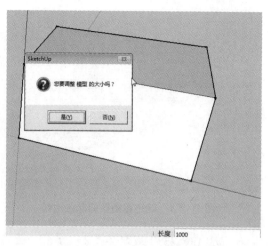

图 7-119　选择"是"调整模型大小

② 命令调用方式

菜单：【工具】→【量角器】。

工具栏：【建筑施工】→【量角器】。

③ 操作技巧

测量角度：启动【量角器】工具，把量角器的中心设置在要测量的角度的顶点上，单击鼠标左键确定起点，如图 7-120 所示。

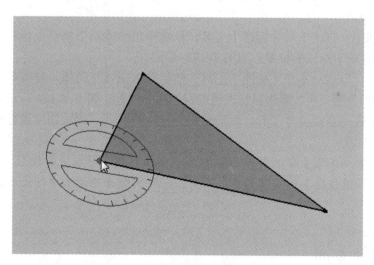

图 7-120　确定量角器的中心

将量角器的基线对齐到测量角的起始边线上，单击鼠标左键确定测量的起始边线，如图 7-121 所示。

拖动鼠标旋转量角器，捕捉要测量的角的第二条边线，再次单击鼠标左键完成角度测量，角度值会显示在【数值输入框】中，同时会按测量的角度创建一条辅助线，如图 7-122 所示。

技巧与提示：按住 Shift 键可以将量角器锁定在当前的平面定位上，也可以在操作过程中输入具体的角度并添加辅助线，即在确定角度的一条边后，在右下方的数值控制框中

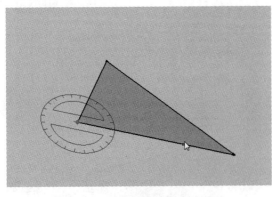

图 7-121 确定量角器的起始边线

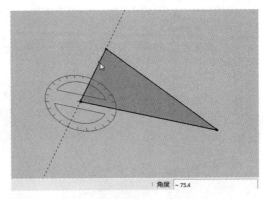

图 7-122 测量角度并创建辅助线

输入角度（如 45°）或斜率（如 1:6），最后按 Enter 键结束命令。

7.4.2 尺寸标注工具

（1）功能

用于精确地标出模型中的尺寸。

（2）命令调用方式

①菜单 【工具】→【尺寸】。

②工具栏 【建筑施工】→【尺寸】。

（3）操作技巧

①线性标注 启动【尺寸标注】工具，依次单击线段两个端点，接着移动鼠标，再次单击鼠标左键确定标注的位置，如图 7-123 所示。

②标注直径 启动【尺寸标注】工具，然后单击圆弧几何体，接着移动鼠标拖曳确定尺寸字符串的位置，再次单击鼠标左键确定标注的位置，如图 7-124 所示。

③标注半径 启动尺寸工具，然后单击要标注的圆弧，接着拖曳鼠标确定标注的距离，如图 7-125 所示。

技巧与提示：在尺寸标注时，可以对尺寸标注的相关参数进行设置。单击【窗口】菜单，选择【模型信息】中的"尺寸"选项，在弹出的选项面板中可设置标注参数，如图 7-126 所示。

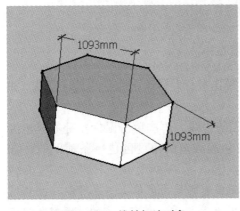

图 7-123 线性标注对象

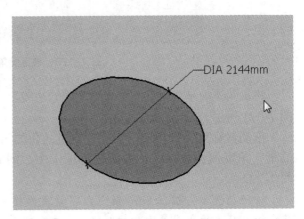

图 7-124 标注对象直径

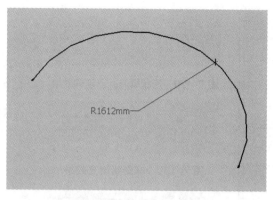

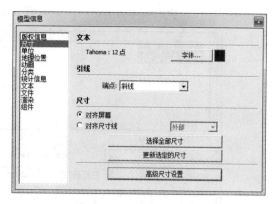

图 7-125　标注弧形对象　　　　　　　　图 7-126　设置尺寸参数

7.4.3　文字标注工具

（1）插入文字

① 功能　把文字插入到模型中，有引注文字和屏幕文字两种类型。

② 命令调用方式

菜单:【工具】→【文字】。

工具栏:【建筑施工】→【文字】。

③ 操作技巧

文字设置:执行【窗口】模型信息文字选项命令可以对文本标注的相关参数进行设置，可在对话框中对文字引线类型、引线端点符号、字体类型和颜色等参数进行设置。

引注文字:启动【文字】标注工具，单击所要标注的几何体，拖动鼠标确定引注文本的位置。默认情况下，标注文本为该点所在面的面积、该点的坐标或该点所在线的长度。如图 7-127 所示。

屏幕文字:启动【文字】标注工具，在屏幕的空白处单击，在出现的文字输入框中输入注释文字，按两次 Enter 键或单击文字输入框的外部，即可完成文本的输入。

技巧与提示:引线文字是与几何体捆绑在一起的，随着几何体的移动而移动，屏幕文

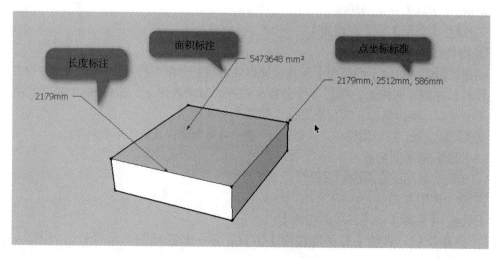

图 7-127　所示文字标注类型

图 7-128 【放置三维文字】选项面板

图 7-129 形状填充、已延伸效果

图 7-130 非形状填充效果

图 7-131 形状填充无延伸效果

字是一个独立体，无论几何体的位置如何改变，屏幕文字不改变位置。

（2）绘制3D文字

① 功能　将 3D 文字插入到模块中。

② 命令调用方式

菜单：【工具】→【三维文字】。

工具栏：【建筑施工】→【三维文字】。

③ 操作技巧　启动 3D 文字工具，弹出【放置三维文字】选项面板，如图 7-128 所示，可以在面板上输入文字内容，设置字体、对齐、高度、形状、填充、已延伸等内容，设置后点击【放置】按钮并放置在所需位置即可，如图 7-129 至图 7-131 所示。

7.4.4 截面工具

（1）创建剖切面

① 功能　显示模型的内部细节。

② 命令调用方式

菜单：【工具】→【剖切面】。

工具栏：【截面】→【剖切面】。

③ 操作技巧

创建剖切面：启动【剖切面】工具，鼠标处出现一个剖面符号，如图所示 7-132。

移动鼠标到几何体上，剖切符号会自动对齐到对象表面上，按住 Shift 键可以锁定剖面的某个平面，单击鼠标左键完成定位，如图 7-133 所示。

变换剖面位置：可以用移动工具和旋转　图 7-134 至图 7-136 所示。

（2）显示/隐藏剖切面

① 功能　显示或隐藏剖切面符号。

② 命令调用方式

工具栏：【截面】→【显示剖切面】。

③ 操作技巧　启动【显示剖切面】工具，显示和隐藏剖切面符号，如图 7-137、图 7-138 所示。

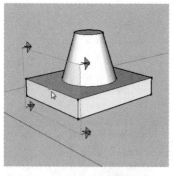

图 7-132　剖面符号

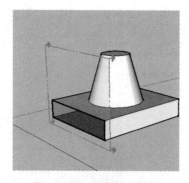

图 7-133　显示剖面效果

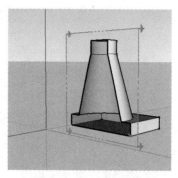

图 7-134　剖面效果

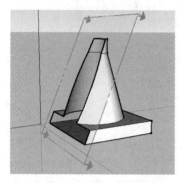

图 7-135　移动后的剖面效果

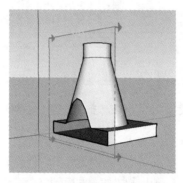

图 7-136　旋转后的剖面效果

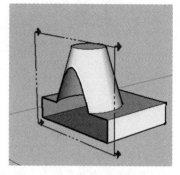

图 7-137　显示剖切面符号

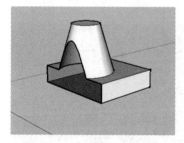

图 7-138　隐藏剖切面符号

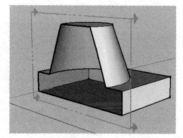

图 7-139　显示剖面效果

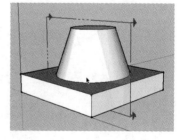

图 7-140　关闭剖面效果

（3）打开/关闭剖面效果

① 功能　显示或隐藏剖面效果。

② 命令调用方式

工具栏：【截面】→【显示剖面切割】。

③ 操作技巧　启动【显示剖面切割】工具，打开或关闭剖面效果，如图 7-139、图 7-140 所示。

（4）导出剖面效果

① 功能　导出剖面图形。

② 调用命令

菜单：【文件】→【导出】→【剖面】。

③ 操作技巧

a. 执行导出剖面命令，弹出【输出二维剖面】选项面板，单击【选项】按钮弹出【二

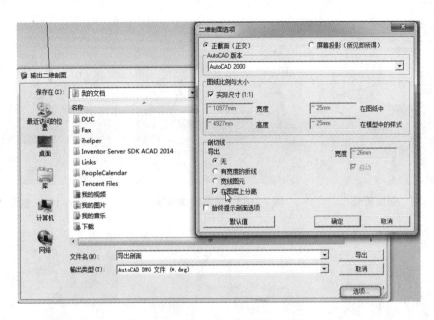

图 7-141 【三维剖面选项】对话框

维剖面选项】对话框，设置导出二维 AutoCAD 文件参数，完成后单击【确定】按钮，如图 7-141 所示。

b. 输入导出文件名，单击【导出】按钮，即可将剖面图形导出成二维 AutoCAD 文件，保存在指定的文件目录，如图 7-142、图 7-143 所示。

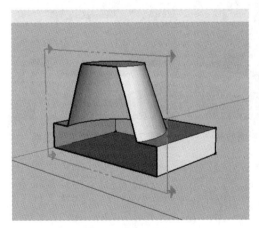

图 7-142　对象剖面

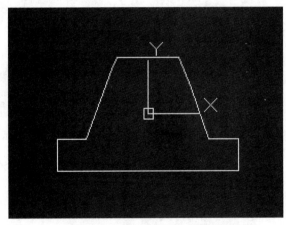

图 7-143　导出的剖面 AutoCAD

7.4.5　图层工具

（1）功能

管理文件中图形的分类，便于操作管理。

（2）调用命令

① 菜单　【窗口】→【图层】。

② 工具栏　【图层】。

（3）操作技巧

① 添加删除图层　单击【图层】工具栏右侧【图层管理器】按钮，打开【图层】选项面板，单击左上角的【添加】按钮，即可新建图层，可对新图层进行命名，如图 7-144 所示。

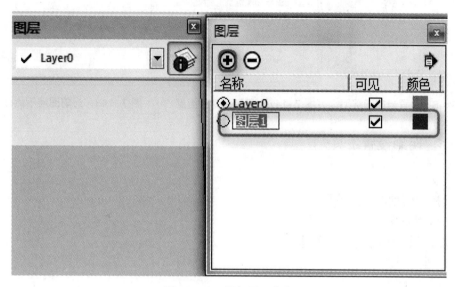

图 7-144　添加图层命名

反之，单击【删除图层】按钮，即可删除对象图层。

技巧与提示：在删除图层时，默认"Layer0"不能被删除，如果图层包含模型内容，则会弹出如图 7-145 所示对话框。

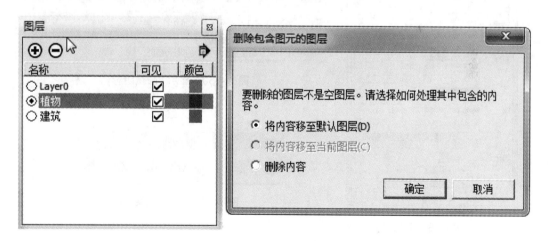

图 7-145　删除对象图层

② 设置当前图层　在图层名称前单击点选可将新图层设为当前图层，如图 7-146 所示。

③ 显示、隐藏图层　打开【图层选项】面板，勾选或取消对应图层"可见"复选框，即可对图层进行显示和隐藏操作，如图 7-147 所示。

当前图层不能被隐藏；如果将隐藏图层设为当前层，则隐藏图层将自动显示，如图 7-148 所示。

图 7-146 设置当前图层

图 7-147 显示、隐藏图层

图 7-148 当前图层不能被隐藏

7.4.6 阴影设置工具

（1）功能

用于控制模型的光照效果。

（2）调用命令

①菜单 【窗口】→【阴影】。

②工具栏 【阴影】。

（3）操作技巧

启动【阴影】工具，打开【阴影设置】选项面板，可对图形阴影进行设置，如图 7-149 所示。单击【阴影】工具栏上的【显示/隐藏阴影】按钮可以显示或隐藏阴影，如图 7-150 所示。

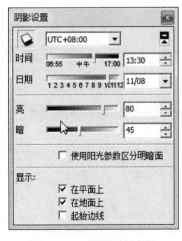
图 7-149 设置阴影参数

图 7-150 显示/隐藏阴影

图 7-151 沙盒工具栏

7.4.7 创建地形工具

（1）功能

创建三维地形效果。

（2）命令调用

工具栏：【沙盒】（如图 7-151 所示）。

（3）操作技巧

① 等高线法　将绘制好的 AutoCAD 地形图文件导入 SketchUp 软件中，并根据设计等高距依次将等高线移至相应高度，如图 7-152、图 7-153 所示。

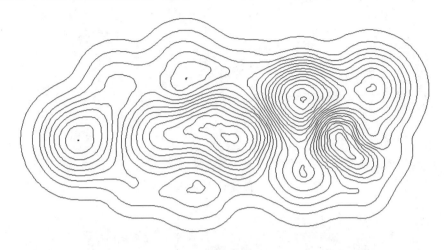

图 7-152　将 AutoCAD 地形图文件导入 SketchUp 软件中

图 7-153　将等高线提升至设计高度

选择所有的等高线，单击工具栏中的【根据等高线创建】选项，系统自动生成如图 7-154 所示的地形模型。

执行【视图】→【隐藏物体】命令，如图 7-155，单击进入地形群组内部，删除没有意义的面，如图 7-156 所示。

技巧与提示：由沙盒工具创建的地形模型，系统默认其为一个群组。右键单击地形模型，选择【隐藏】命令，删除不需要的等高线，然后恢复显示地形模型，如图 7-157 所示。

② 网格法　启动【沙盒】工具栏的【根据网格创建】工具，在数值输入框中输入栅格间距，在绘图区指定栅格第一个角点，如图 7-158 所示。

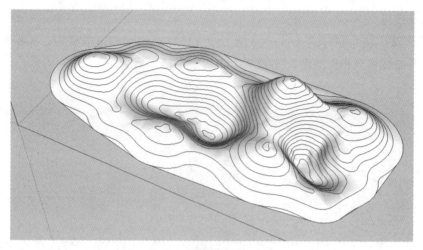

图 7-154　精简模型前的地形轮廓

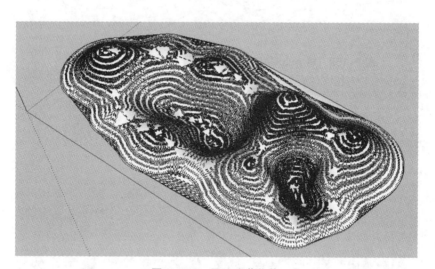

图 7-155　显示隐藏物体

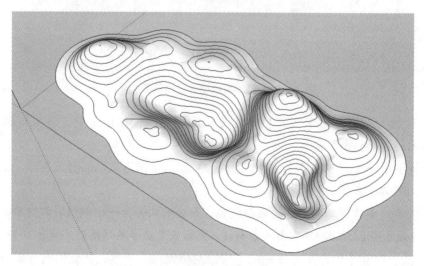

图 7-156　精简轮廓后的地形模型

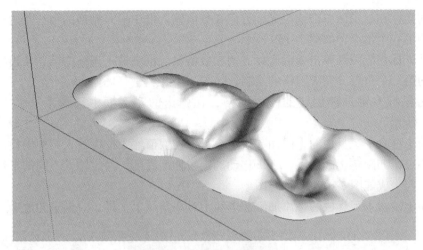

图 7-157　删除不需要的等高线

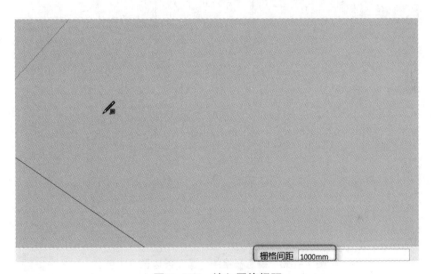

图 7-158　输入网格间距

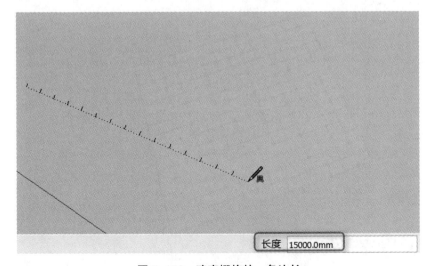

图 7-159　确定栅格的一条边长

拖动光标在绘图区单击或沿光标方向在数值输入框中输入栅格的第一条边的长度，指定栅格的第一个角点，如图 7-159 所示。

拖动光标在绘图区单击或沿光标方向在数值输入框中输入栅格的第二条边的长度，指定栅格的第二个角点，完成网格的绘制，如图 7-160、图 7-161 所示。

单击鼠标右键选择创建的沙盒网格，在弹出的对话框中选择【分解】命令，如图 7-162 所示。

启动【沙盒】工具栏的【曲面起伏】工具，在数值输入框中输入拉伸半径，单击要拉伸的中心点，如图 7-163 所示，上下移动确定拉伸的高度，通过输入不同的半径、不同拉伸高度组合生成如图 7-164 所示的图形。

启动【沙盒】工具栏的【添加细部】和【对调角线】工具，对创建的地形进行局部微

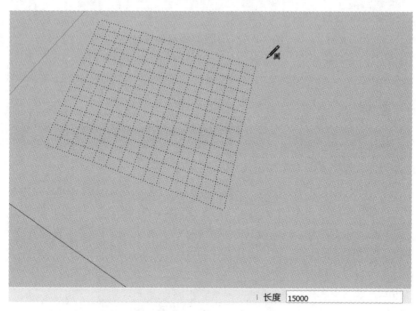

长度 15000

图 7-160 确定栅格的 第二条边长（中）

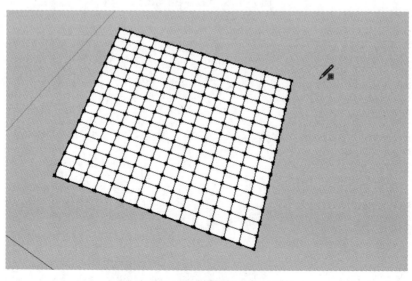

图 7-161 完成栅格的创建（下）

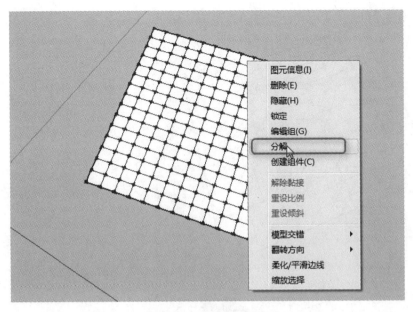

图 7-162　分解栅格平面

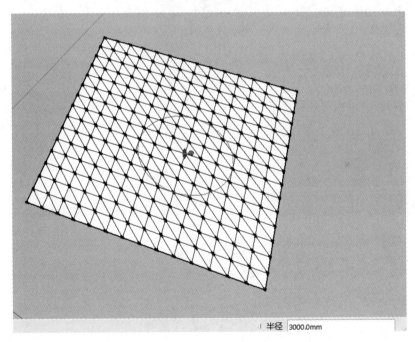

图 7-163　确定拉伸中心点

调，如图 7-165、图 7-166 所示。

技巧与提示：调整完地形后，可用鼠标右键单击选择地形网格，在弹出的对话框选择【柔化／平滑边线】命令，调整平滑值，对创建的地形进行平滑处理，如图 7-167、图 7-168 所示。

③ 地形路径绘制　将创建好的路径轮廓放置在地形网格上方，如图 7-169 所示。

选择路径轮廓面，启动沙盒工具栏的【曲面投射】工具，选择要曲面投射的地形网

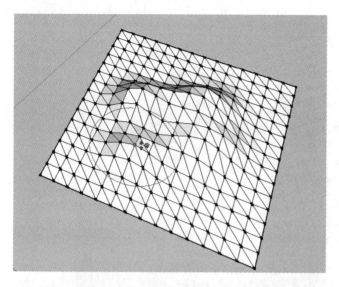

图 7-164　确定拉伸高度

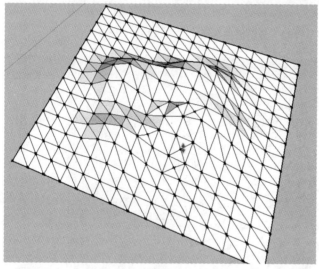

图 7-165　添加细部

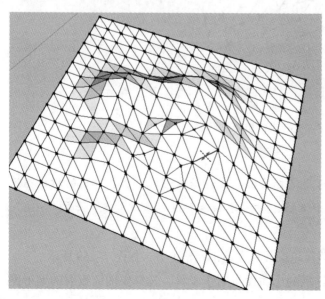

图 7-166　对调角线

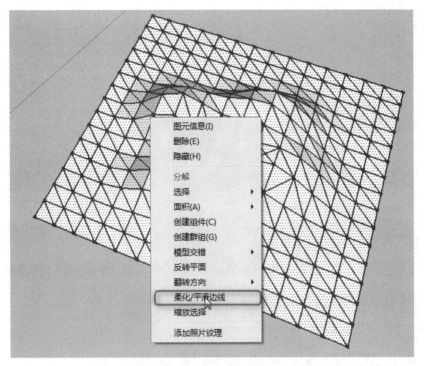

图 7-167　选择【柔化 / 平滑边线】命令

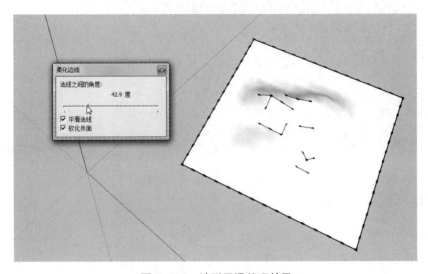

图 7-168　地形平滑处理效果

格，如图 7-170、图 7-171 所示。

选择投射在地形网格上的路径面，赋予材质，如图 7-172 所示。

④ 地形平整　将创建好的平整地形平面放置在地形网格的上方，如图 7-173 所示。

选择平整地形平面，启动沙盒工具栏的【曲面平整】工具，在数值输入框中输入平面平整的偏移量，单击要平整的地形网格，生成地形平整平面，如图 7-174、图 7-175 所示。

移动光标上下调整平整平面的高度，完成平整平面的创建，如图 7-176、图 7-177 所示。

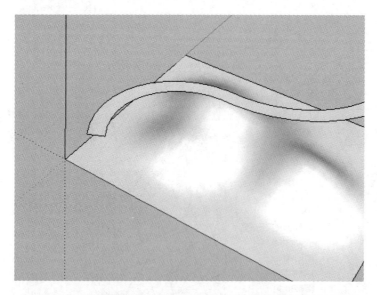

图 7-169　放置路径轮廓

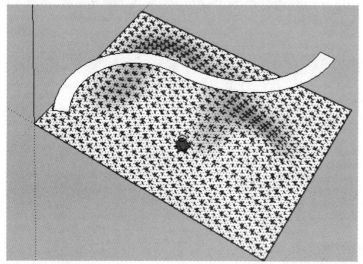

图 7-170　选择地形轮廓

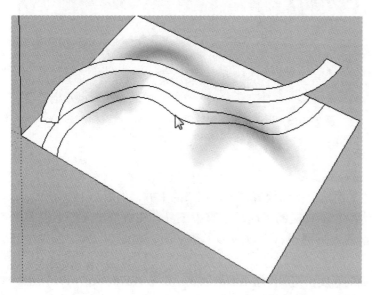

图 7-171　完成路径轮廓的投射

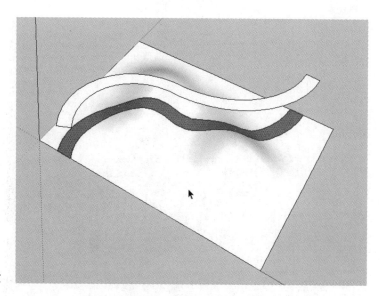

图 7-172　赋予路径轮廓材质

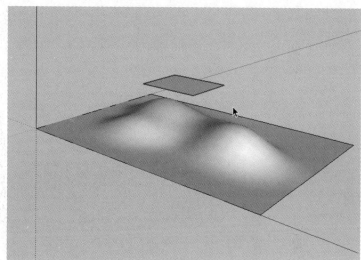

图 7-173　放置平整平面

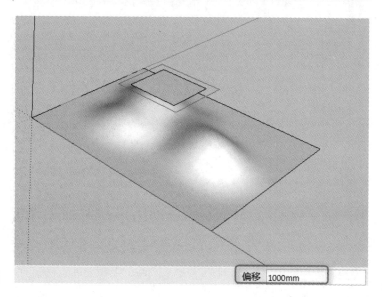

图 7-174　输入平整偏移量

偏移 1000mm

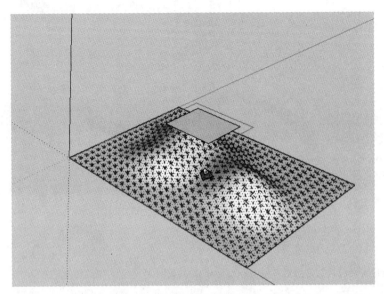

图 7-175　单击平整网络平面

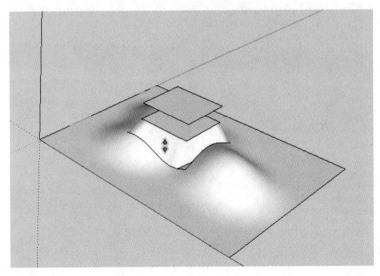

图 7-176　移动确定平整高度

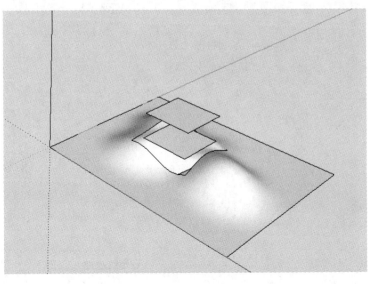

图 7-177　完成平面平整

7.4.8　动画操作工具

（1）设置相机位置

① 功能　确定相机的位置与方向，直接生成相机视图。

② 调用命令方式

菜单:【相机】→【定位相机】。

工具栏:【相机】→【定位相机】。

③ 操作技巧

a. 启动【定位相机】命令，光标变成 Ω，将光标移至相机目标放置点单击即可。此外，通过数值输入框可进行视高设置，通常保持默认的 1764.4mm 即可，如图 7-178 所示。

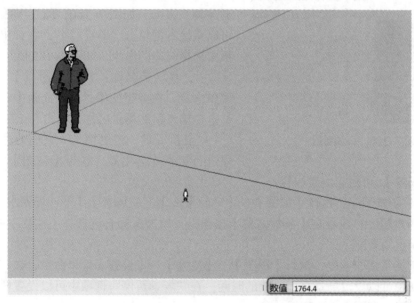

图 7-178　移动相机至目标放置点，输入相机高度

b. 设置视高后，按下 Enter 键，系统将自动开启【绕轴观察】工具，此时光标将变成 ，拖动光标即可进行视角的转换，如图 7-179 所示。

（2）设置漫游

① 功能:在三维场景中实现模拟漫游功能，通过设置观查轨迹与角度，体验身临其境的感觉，也可以再进行后期处理，制作园林场景的三维动画等。

② 命令调用方式

菜单:【漫游】。

工具栏:【相机】→【漫游】。

③ 操作技巧　启动【漫游】命令，在绘图区的任意位置按下鼠标左键，此时光标变成 状，按住鼠标不放，向上移动是前进，向下移动是后退，左右移动是左转和右转。距离鼠标参考点越

图 7-179　旋转视角绕轴观察

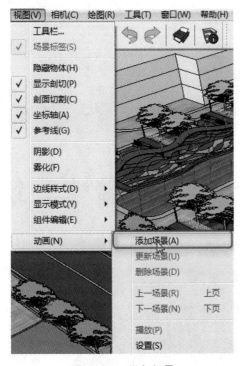

图 7-180　添加场景

远，移动速度越快。

技巧与提示：按住鼠标的同时按住 Shift 键，可以进行垂直或水平移动；按住 Ctrl 键可以加速移动；在使用漫游工具的状态下，按住鼠标中键可以临时切换到【绕轴旋转】工具。

（3）动画设置

① 功能：用来制作场景动画。

② 操作技巧

a. 设置场景：执行【视图】→【动画】→【添加场景】【删除场景】菜单命令，可以添加、删除场景页面，如图 7-180、图 7-181 所示。还可以直接右键单击"场景号 1"，在弹出的选项面板中选择对应的命令，如图 7-182 所示。

• 更改场景名称：执行【窗口】→【场景】菜单命令，在弹出的场景选项面板中，可在【名称】栏输入新的场景名称，如图 7-183 所示。

• 更新场景：当更换某一页面的内容时，必须进行更新才会生效，执行【视图】→【动画】→【更新场景】，可更新场景内容。

• 调整场景顺序：执行【视图】→【动画】→【上一场景】、【下一场景】菜单命令，可以调整场景顺序；或者在【场景名称】按钮上，单击鼠标右键选择【左移】或【右移】命令也可调整场景顺序。

b. 设制场景播放速度：执行【视图】→【动画】→【设置】菜单命令，在"开启场景过度"选项中可以设置场景页面播放的时间，在"场景暂停"选项中可以设置两个场景之间的过渡时间，如图 7-184 所示。

放导出动画：执行【视图】→【动画】→【播放】命令，可以查看动画的制作效果。此对话框可以控制动画的播放或暂停，如图 7-185 所示。

确认动画制作无误后，执行【文件】→【导出】→【动画】→【视频】命令，弹出【输出动画】选项面板，点击【选项】按钮，在弹出的【动画导出选项】对话框中，设置

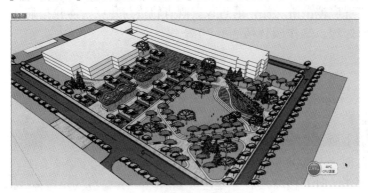

图 7-181　添加"场景号 1"

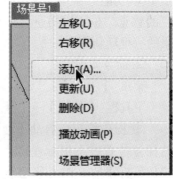

图 7-182　场景选项菜单

图 7-183　更换场景名称

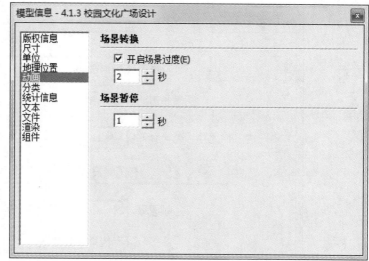

图 7-184　设置动画播放参数

图 7-185　动画播放效果

导出的视频参数，如图 7-186 所示。

技巧与提示：

分辨率：视频的分辨率数值越高，输出的动画图像越清晰，所需要的输出时间和占用的存储空间也越多。

图像长宽比：图像的长度比就是分辨率，常用的为 4∶3 与 16∶9，其中 16∶9 是现代宽屏比例，视觉效果更好。

帧速率：常用的帧数设置为 24 帧／秒或 30 帧／秒，前者为国内 PAL 制式标准，后者则为美制 NTSC 标准。

抗锯齿渲染：勾选该复选框，视图图像更为光滑，可以减少图像中的锯齿、闪烁、虚化等品质问题。

c. 设置完成后点击【确定】按钮，返回【输出动画】选项面板，设置保存路径和文件名，点击【确定】，进行动画的输出，如图 7-187、图 7-188 所示。

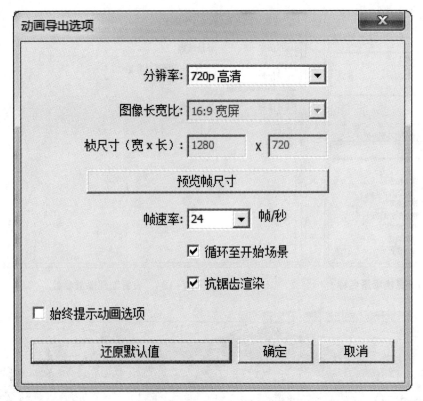

图 7-186　设置动画导出参数

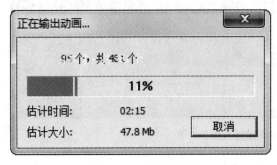

图 7-187　导出动画

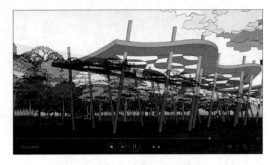

图 7-188　播放动画视频

7.4.9　Sketchup 的导入与导出工具

SketchUp 软件虽然是一个面向方案设计的软件，但通过其文件的导入与导出功能，可以很好地与 AutoCAD、Photoshop、3ds Max 常用图形图像软件进行协作。

（1）SketchUp 导入功能

SketchUp 可以导入 dwg/dxf 文件、二维图像；执行【文件】→【导入】菜单命令。

（2）SketchUp 导出功能

SketchUp 可以导出 dwg 文件、二维图形、3ds 格式文件，执行【文件】→【导出】菜单命令。

项目 8
SketchUp 2015 园林设计图
绘制案例

【知识目标】

（1）了解 SketchUp 在园林建筑小品制作中的作用。

（2）熟悉 SketchUp 制作园林建筑小品的命令与工具。

（3）掌握 SketchUp 制作园林建筑小品的流程与方法。

（4）掌握 SketchUp 制作园林效果图的流程和方法。

【技能目标】

（1）能熟练使用常用 SketchUp 工具及命令。

（2）能熟练使用 SketchUp 工具进行园林效果图的绘制和表现。

（3）能熟练进行 SketchUp 输出与动画制作。

任务 *8.1*

SketchUp 园林建筑小品效果图绘制

8.1.1 制作树池坐凳

（1）启动 SketchUp，设置场景单位与精确度如图 8-1 所示。

（2）启动【矩形】场景命令，在【顶视图】中绘制一个边长为 4800 的正方形平面，如图 8-2 所示。

（3）启动【推 / 拉】工具，按住 Ctrl 键连续进行两次推拉复制，如图 8-3 所示。选择中间的分割线，将其等分为 4 段，如图 8-4 所示。

（4）启动【直线】工具，创建坐凳部分分割线，如图 8-5 所示，使用【旋转】工具进行多重旋转复制，如图 8-6 所示。

（5）启动【推 / 拉】工具，制作底部支撑石板，如图 8-7、图 8-8 所示。

（6）结合使用【偏移】与【推 / 拉】工具制作坐凳轮廓，如图 8-9、图 8-10 所示。

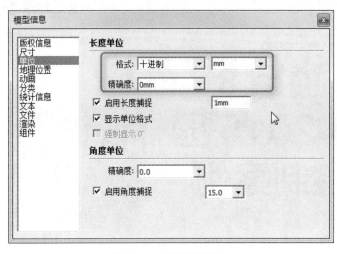

图 8-1　设置场景单位

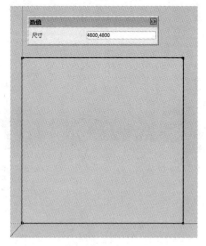

图 8-2　创建边线为 4800 的正方形

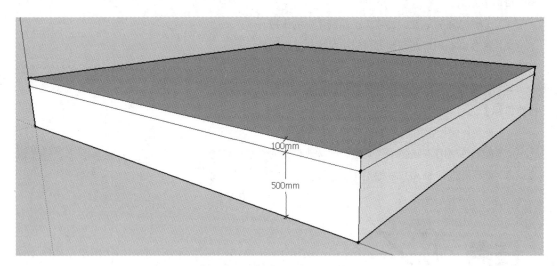

图 8-3　向上进行两次推拉复制

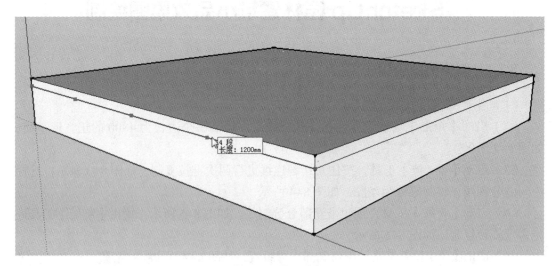

图 8-4　等分线段

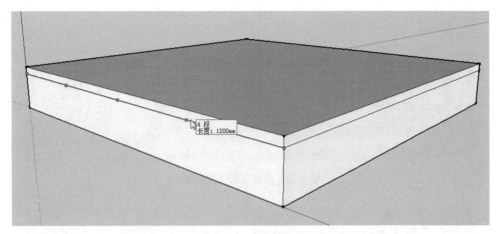

图 8-5　创建分割面

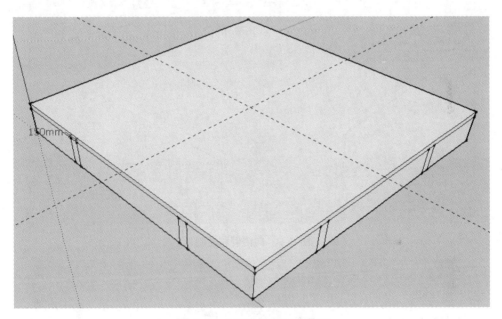

图 8-6　多重旋转复制分割面

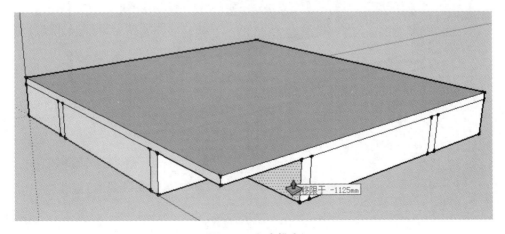

图 8-7　向内推空

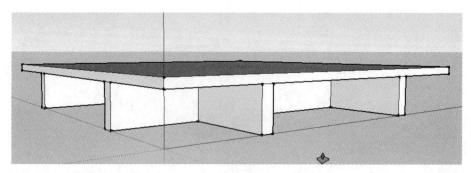

图 8-8　底部支撑完成效果

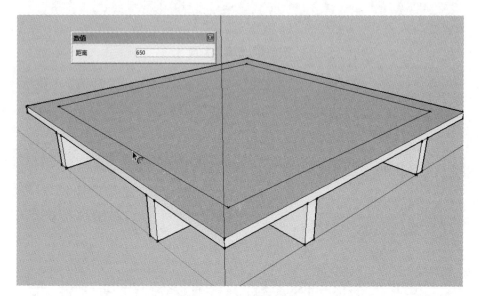

图 8-9　向内偏移复制

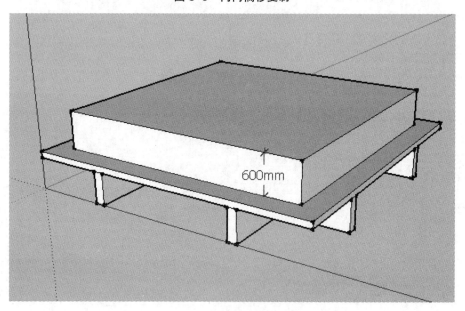

600mm

图 8-10　推拉出靠背轮廓

（7）选择顶部平面，启动【缩放】工具，按住 Ctrl 键以 0.95 的比例进行中心缩放，形成靠背斜面，如图 8-11 所示。

（8）选择顶部平面，结合【偏移】与【推 / 拉】工具制作靠背轮廓，如图 8-12、图 8-13 所示。

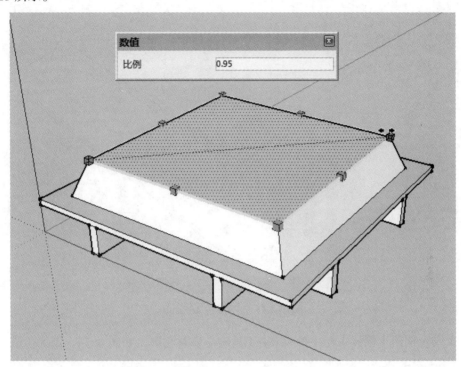

图 8-11　中心缩放

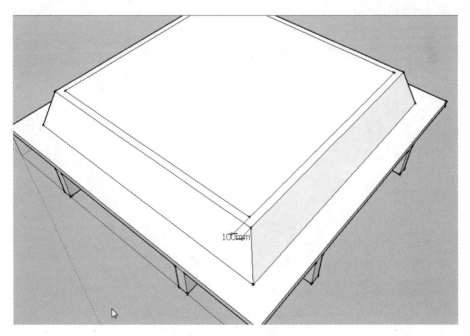

图 8-12　偏移复制

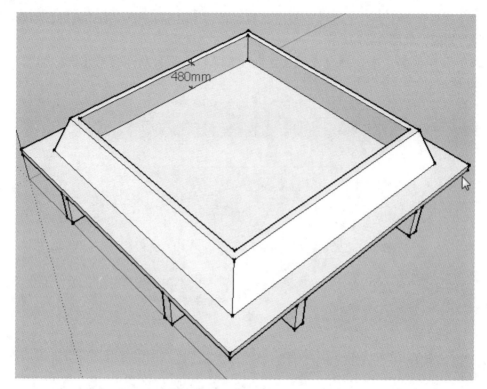

图 8-13　向下推拉 480mm

（9）结合使用【偏移】与【推 / 拉】工具制作靠背轮廓，如图 8-14、图 8-15 所示。

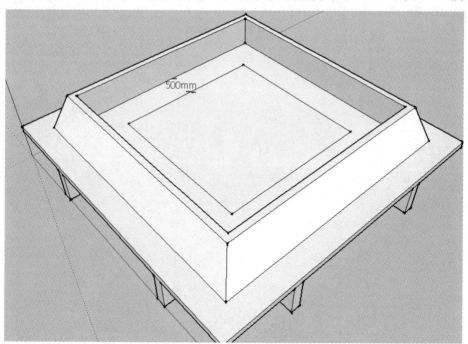

图 8-14　向内以 500mm 进行偏移复制

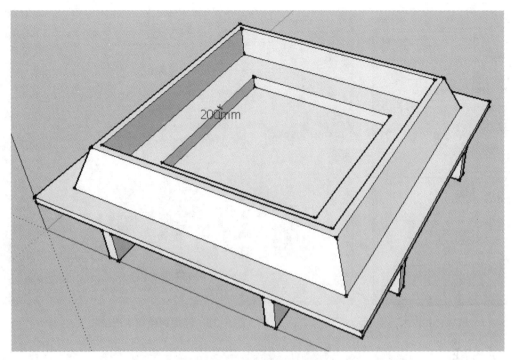

图 8-15　向下推拉 200mm

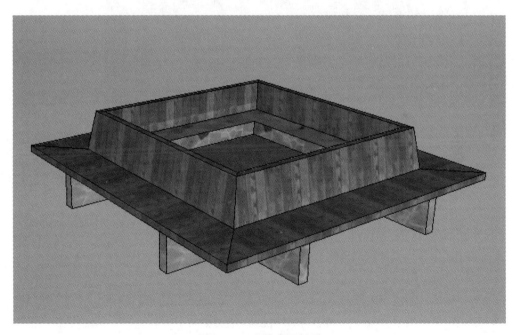

图 8-16　坐凳表面材质

（10）启动【材质】工具，赋予坐凳表面不同材质，如图 8-16 所示。

（11）打开【组件】面板，添加树木组件，摆好位置后启动【缩放】工具调整造型大小，如图 8-17、图 8-18 所示。

（12）本案例树池坐凳最终完成效果如图 8-19 所示。

图 8-17　选择合并树木组件

图 8-18　缩放调整树木造型

图 8-19　树池坐凳完成效果

8.1.2　制作廊架

（1）启动 SketchUp，设置场景单位与精确度，如图 8-20 所示。

（2）启动【矩形】创建命令，在【顶视图】中绘制一个平面，如图 8-21 所示。

（3）启动【卷尺】，创建两条辅助线用于定位廊架立柱，如图 8-22 所示。

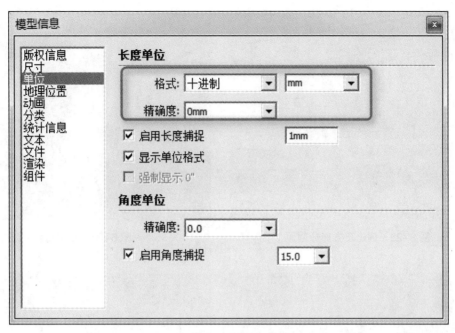

图 8-20　设置场景单位

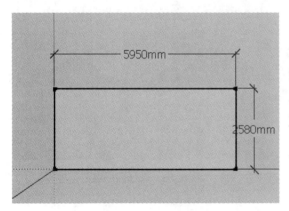

图 8-21　创建底部矩形

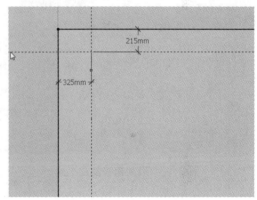

图 8-22　辅助线完成尺寸

（4）执行【矩形】创建命令，捕捉辅助线交点为起点，创建一个边长为 350mm 的正方形，然后启动【推/拉】工具制作 400mm 的高度，如图 8-23、图 8-24 所示。

（5）使用【偏移】与【推/拉】工具，制作石墩上部细节，如图 8-25、图 8-26 所示。

（6）赋予制作好的底部石墩材质，然后将其单独创建为群组，如图 8-27、图 8-28 所示。

（7）使用【偏移】和【推/拉】工具，制作石墩上方的方柱模型，如图 8-29、图 8-30 所示。

（8）重复类似细节，制作方柱柱头，如图 8-31、图 8-32 所示。

（9）整体赋予方柱材质，如图 8-33 所示。然后启用【卷尺】工具，创建辅助线，如图 8-34 所示。

（10）捕捉参考点，移动复制得到右侧的立柱模型，如图 8-35、图 8-36 所示。

（11）切换至【前视图】，创建一条辅助线，如图 8-37 所示。

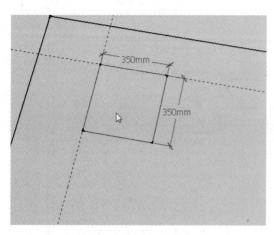

图 8-23　创建正方形分割面

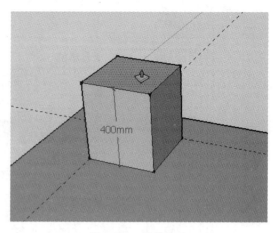

图 8-24　推拉高度

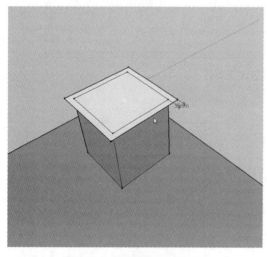

图 8-25　启用偏移复制工具

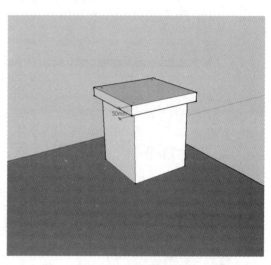

图 8-26　制作顶部细节

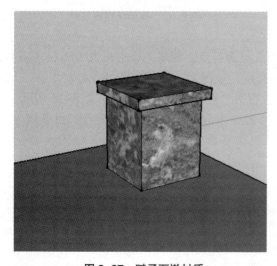

图 8-27　赋予石墩材质

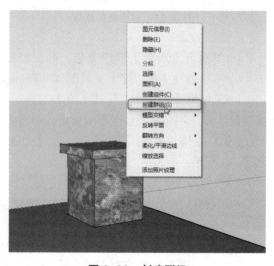

图 8-28　创建群组

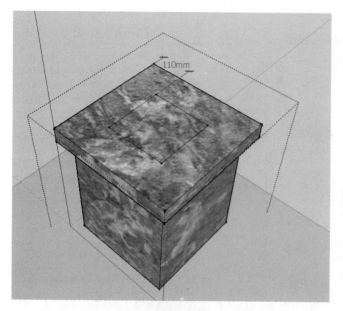

图 8-29　向内偏移 110mm

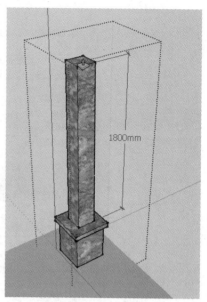

图 8-30　推拉出高度

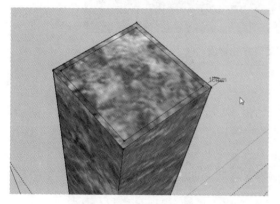

图 8-31　向内偏移 10mm

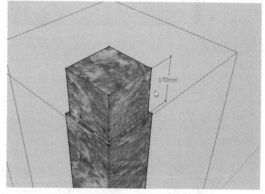

图 8-32　推拉出柱头高度 170mm

（12）结合使用【矩形】和【偏移】工具，制作木栅格平面轮廓，如图 8-38、图 8-39所示。

（13）选择内部的平面，单独创建为群组，如图 8-40 所示。使用【推 / 拉】工具为外侧轮廓制作 100mm 的厚度，如图 8-41 所示。

（14）选择内部平面的边线单击鼠标右键，选择【拆分】菜单命令进行等分，然后使用【矩形】创建工具分割出单个平面，如图 8-42 至图 8-44 所示。

（15）使用【偏移】工具向内偏移 10mm，如图 8-45 所示。捕捉等分点进行多重移动复制，如图 8-46 所示。

（16）在竖直方向上捕捉等分点，多重复制出栅格平面，然后启动【推 / 拉】工具制作 30mm 的内部栅格厚度，如图 8-47、图 8-48 所示。

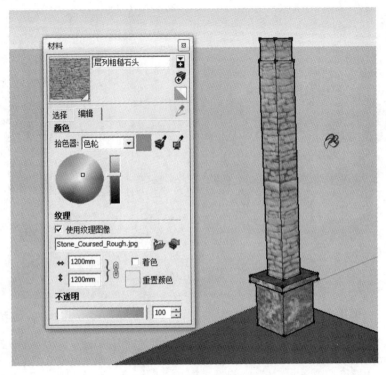

图 8-33　赋予方柱材质

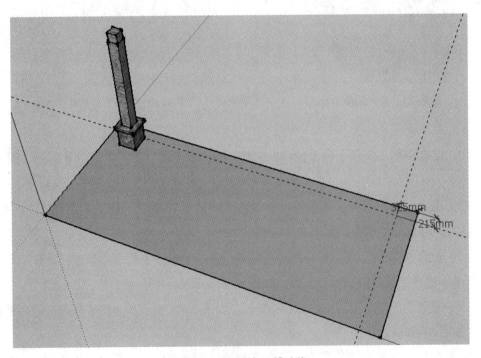

图 8-34　创建点位辅助线

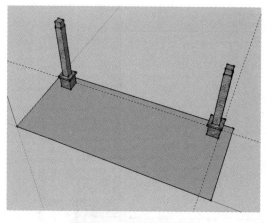

图 8-35　进行偏移复制

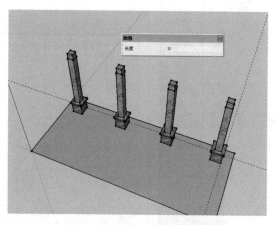

图 8-36　进行多重移动复制

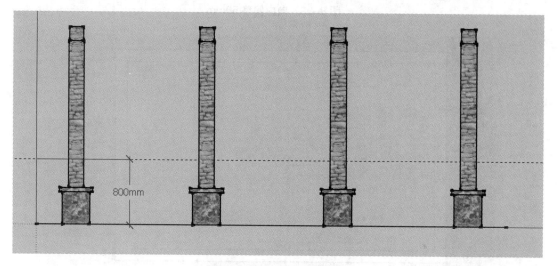

图 8-37　创建点位辅助线

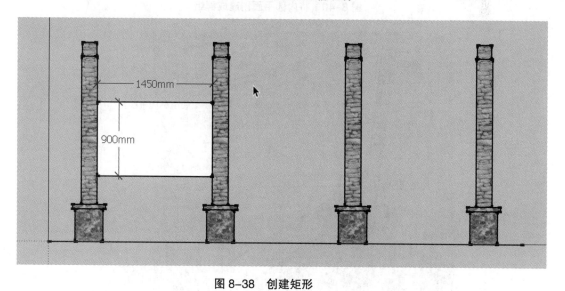

图 8-38　创建矩形

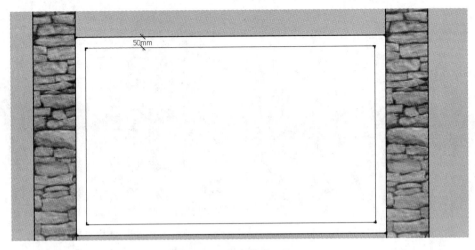

图 8-39　向内偏移 50mm

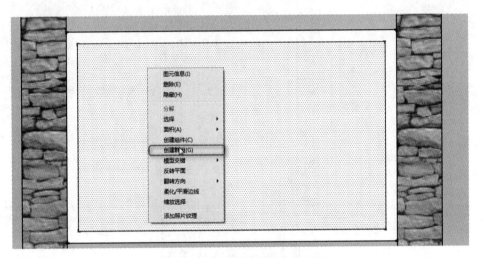

图 8-40　将内部平面创建成群组

图 8-41　推拉出外部平面厚度为 100mm

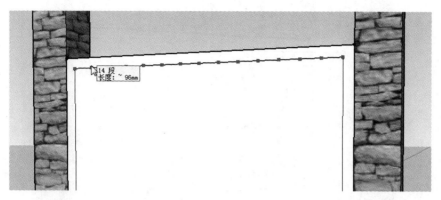

图 8-42 等分上侧边线（14 段）

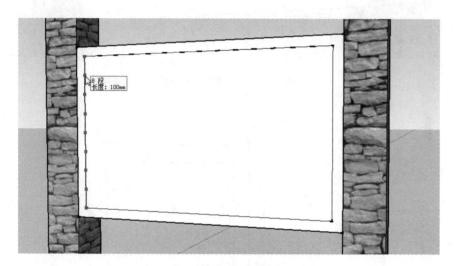

图 8-43 等分左侧边线（8 段）

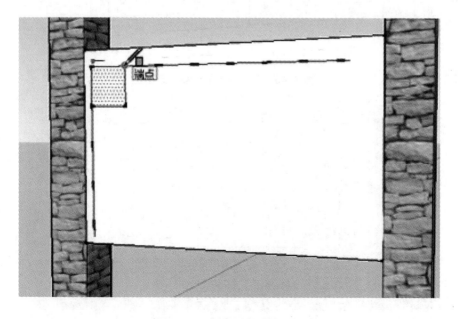

图 8-44 划分矩形分割平面

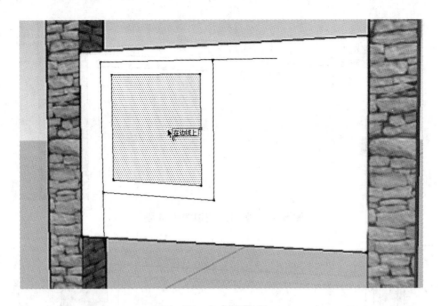

图 8-45　向内偏移 10mm

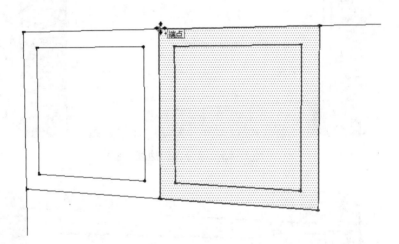

图 8-46　向右进行多重移动复制

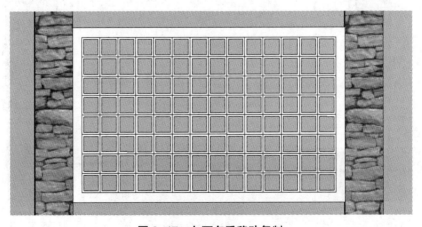

图 8-47　向下多重移动复制

（17）创建辅助线后，捕捉中点对齐栅格与立柱，如图 8-49 所示。

（18）启动【矩形】创建工具，捕捉石墩边线绘制一个矩形平面，然后推拉出 300mm 的厚度，如图 8-50、图 8-51 所示。

（19）整体复制立柱等细节，如图 8-52 所示。

图 8-48　推拉出内部栅格的厚度

图 8-49　对齐栅格与立柱

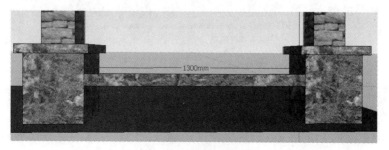

图 8-50　创建坐凳平面

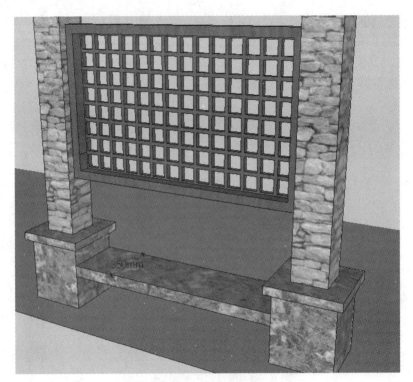

图 8-51　推出坐凳厚度

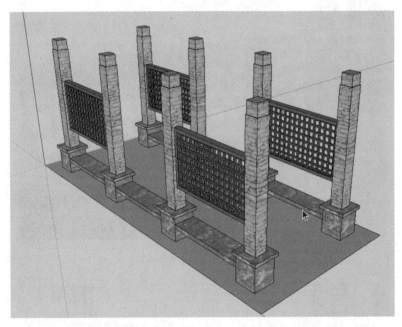

图 8-52　整体复制立柱细节

（20）启动【矩形】创建工具，创建一个矩形平面，在两侧创建细分辅助线，如图 8-53、图 8-54 所示。

（21）启动【圆弧】创建工具，捕捉辅助线端点，创建一段半径为 160mm 的圆弧，在右侧执行同样操作后推出 180mm 的厚度，如图 8-55、图 8-56 所示。

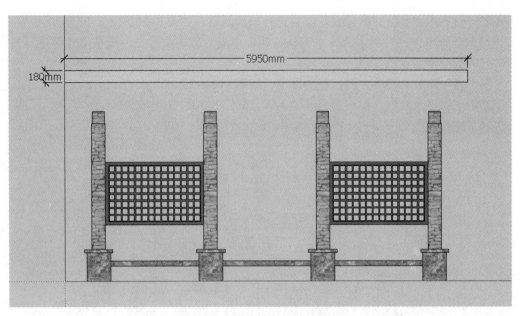

图 8-53　创建木方轮廓平面

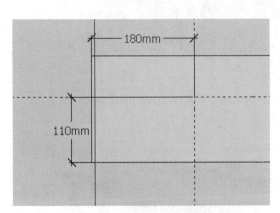

图 8-54　创建定位辅助线

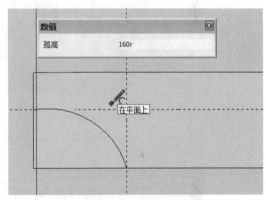

图 8-55　创建圆弧分割线段

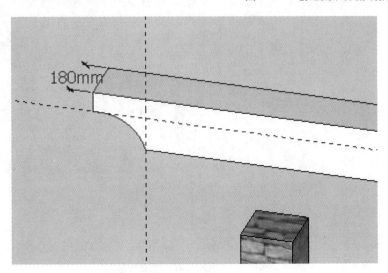

图 8-56　推拉出木方厚度为 180mm

（22）对齐木方和石柱的位置，向后进行移动复制，如图 8-57、图 8-58 所示。

（23）选择木方，启动【旋转】工具，捕捉中点为旋转中心点，按住 Ctrl 键进行复制旋转，如图 8-59 所示。

（24）通过缩放调整木方的长度与厚度，如图 8-60 所示。

（25）使用多重复制，得到顶部其他木方，如图 8-61、图 8-62 所示。

（26）进行一些细节调整，得到廊架模型的最终效果，如图 8-63 所示。

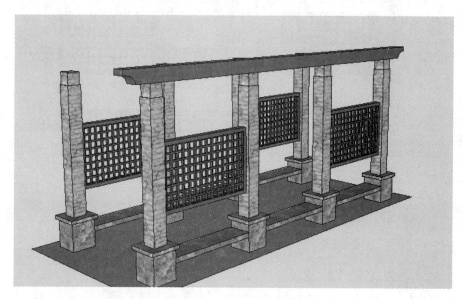

图 8-57　对齐木方与立柱

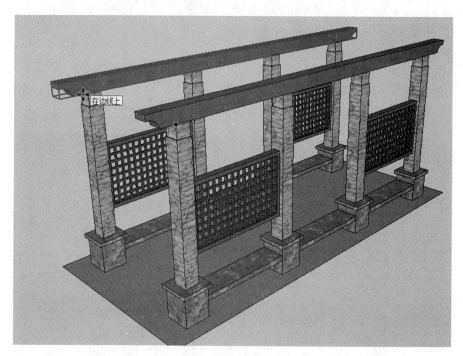

图 8-58　复制木方

图 8-59　旋转复制木方

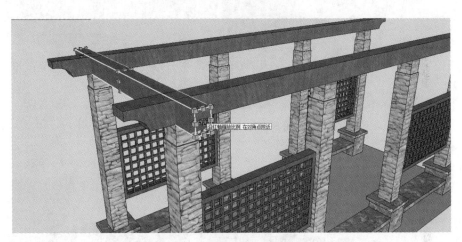

图 8-60　调整木方长度与厚度

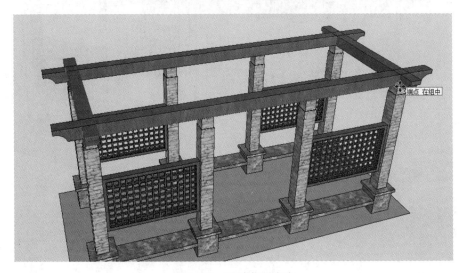

图 8-61　移动复制木方

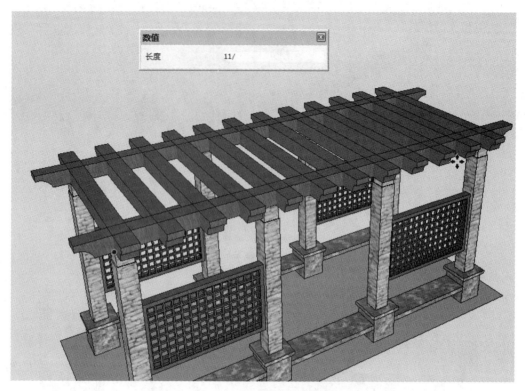

图 8-62　复制出其他木方

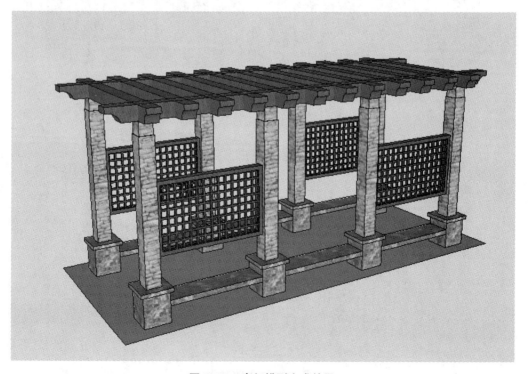

图 8-63　廊架模型完成效果

任务 *8.2*

居住区荣园绘制案例

（1）启动 AutoCAD 软件，打开"荣园 .dwg"文件，利用图层工具和删除工具去掉文字、植物图例、填充等内容，如图 8-64 所示。

（2）启动 SketchUp 文件，设置场景单位及精确度，执行【文件】→【导入】菜单命令，如图 8-65 所示。

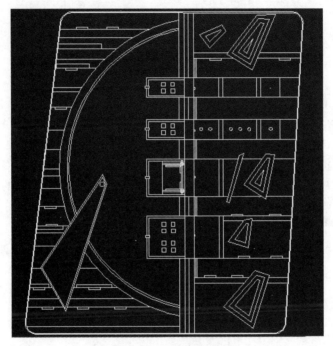

图 8-64　打开 CAD 文件

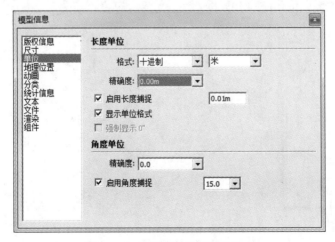

图 8-65　设置场景单位及精确度

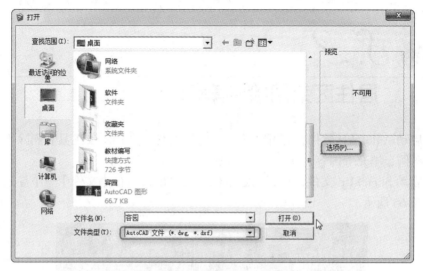

图 8-66　选择打开文件类型

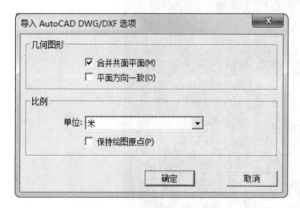

图 8-67　设置导入选项参数

（3）在弹出的【打开】面板中选择打开文件类型为"AutoCAD"文件，单击【选项】按钮设置导入选项，如图 8-66、图 8-67 所示。

（4）选择整理好的"荣园 .dwg"图纸导入，打开【样式】面板，设置边线显示样式，使用移动工具将其左下角点与坐标原点对齐，并创建成群组，如图 8-68 所示。

（5）使用【直线】和【圆弧】工具，

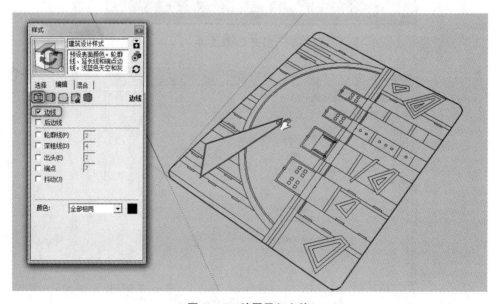

图 8-68　放置导入文件

根据图纸内容分析建模过程，将整个平面分割成 3 个区域，如图 8-69 所示。

（6）使用【推 / 拉】工具，将平面向下推 450mm，使用【移动】工具将导入的 AutoCAD 底图与向下推拉的平面对齐，如图 8-70 所示。

（7）启动【直线】、【圆弧】工具，将绿地、铺装、水面分割成不同的平面，如图 8-71 所示。

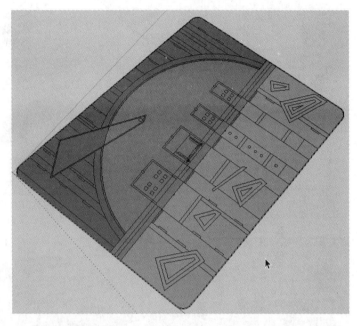

图 8-69　分割建模区域

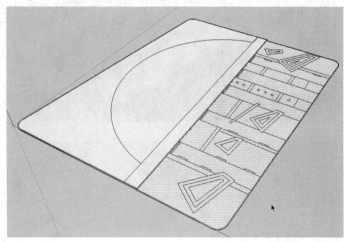

图 8-70　AutoCAD 底图与
　　　　　推拉平面对齐

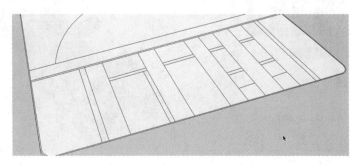

图 8-71　分割不同的平面

（8）使用【材质】工具，填充草坪区域材质，如图 8-72 所示。

（9）填充绿篱区域材质，并使用【推/拉】工具，将绿篱平面向上推拉 450mm，完成绿篱的制作，如图 8-73 所示。

（10）填充道路铺装区域材质，如图 8-74 所示。

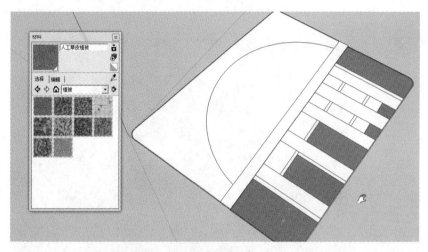

图 8-72 填充草坪材质

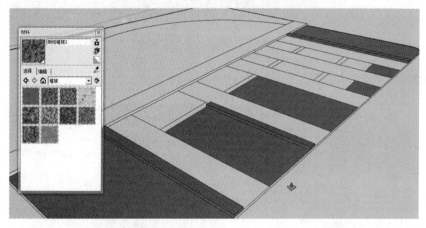

图 8-73 填充绿篱材质推拉

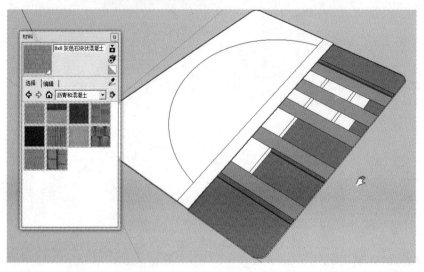

图 8-74 填充铺装区域材质

（11）填充池壁区域材质，使用【推 / 拉】工具向下推拉 1000mm，如图 8-75 所示。

（12）填充水池装饰区域材质，如图 8-76 所示。

（13）启动【推 / 拉】工具制作台阶，如图 8-77 所示。

（14）启动【直线】工具，创建出地形区域，再使用【推 / 拉】工具创建出不同的地形高差，完成地形的制作，如图 8-78、图 8-79 所示。

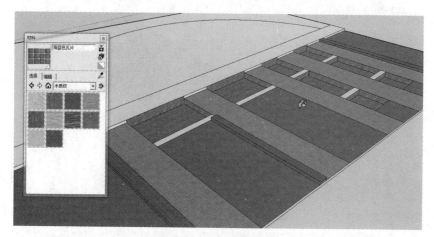

图 8-75　填充池壁材质

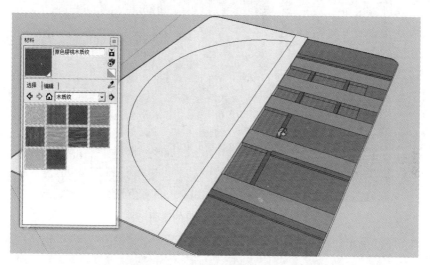

图 8-76　填充水池装饰区域材质

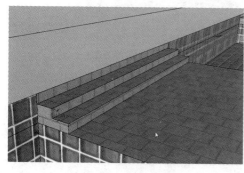

图 8-77　推拉出台阶

图 8-78　创建不同的地形高差

（15）使用【直线】工具创建门框的底面区域，并赋予材质，如图 8-80 所示。

（16）使用【推 / 拉】工具创建景框的框架，如图 8-81 所示。

（17）使用直线工具连接框景框架的顶部，如图 8-82 所示。

（18）使用【材质】工具填充门框景框的表面，如图 8-83 所示。

图 8-79　完成地形的创建

图 8-80　绘制门框的底面

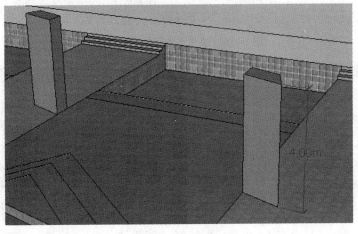

图 8-81　创建框架

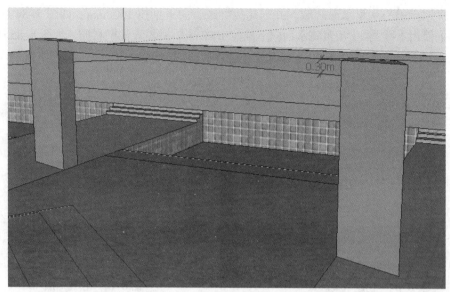

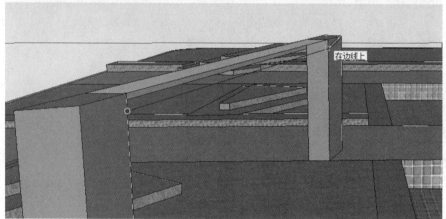

图 8-82　连接框架的顶部

图 8-83　赋予门框表面材质

（19）选择中心水景水面区域，并创建成群组，向下推拉 1000mm，如图 8-84 所示。

（20）使用【推 / 拉】工具将水面向下推拉 1000mm，并填充池壁材质，如图 8-85 所示。

（21）选择水池底面，使用【移动】工具向上复制移动 600mm，填充水面材质，如

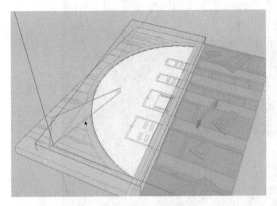

图 8-84　创建水景区域

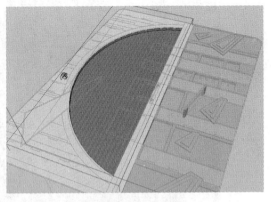

图 8-85　创建池底

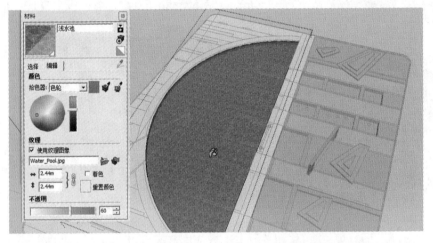

图 8-86　制作水面

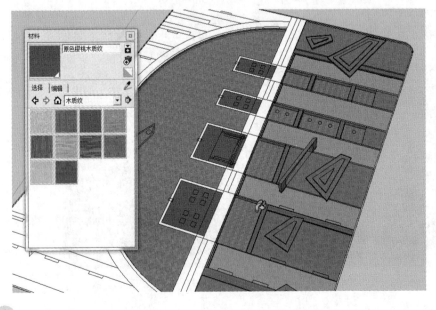

图 8-87　赋予水景平台木材质

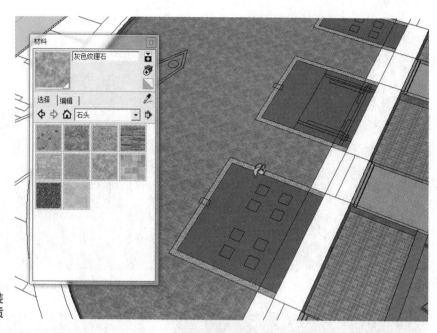

图 8-88　赋予铺装
材质

图 8-89　创建基座

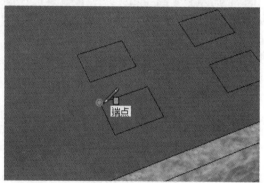

图 8-90　创建树池底面

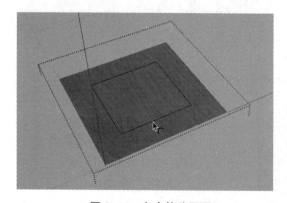

图 8-91　向内偏移平面

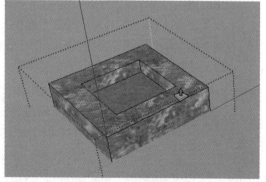

图 8-92　推拉树池平面

图 8-86 所示。

（22）使用【直线】工具创建水景平台区域，填充材质，如图 8-87、图 8-88 所示。

（23）选择水景平台的边沿向下推拉，制作水景平台的基座，如图 8-89 所示。

（24）使用【直线】工具描绘树池平面并创建成群组，如图 8-90 所示。

图 8-93　复制树池

图 8-94　创建底面

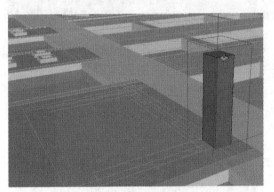

图 8-95　创建亭柱

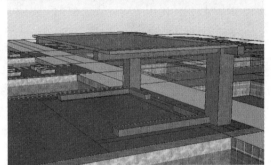

图 8-96　创建梁柱和顶面

（25）使用【偏移】工具创建出图 8-91 所示平面。

（26）使用【推/拉】工具，推拉出图 8-92 所示平面，赋予材质，创建树池模型。

（27）使用【移动】工具，根据平面图复制其他树池，如图 8-93 所示。

（28）绘制如图 8-94 所示底面并创建成群组。

（29）使用【推/拉】工具推拉出亭柱，如图 8-95 所示。

图 8-97　完成其他地面铺装材质的填充

（30）使用同样的方法制作出亭的梁柱和亭顶面，如图 8-96 所示。

（31）完成其他地面铺装材质的填充，如图 8-97 所示。

（32）使用【直线】工具创建探水平台平面，并创建成群组，如图 8-98、图 8-99 所示。

（33）填充表面材质，推拉出探水平台基座，如图 8-100 所示。

（34）创建环路平面，填充表面

材质，如图 8-101 所示。

（35）使用【直线】工具绘制如图 8-102 所示的线框平面。

（36）使用【推 / 拉】工具推拉出边框，并删除不需要的面，并赋予材质，如图 8-103
所示。

（37）旋转所示模型 45°，放置到合适的位置，如图 8-104 所示。

（38）根据图纸内容分割不同区域，填充铺装、绿地、绿篱的材质，使用【推 / 拉】

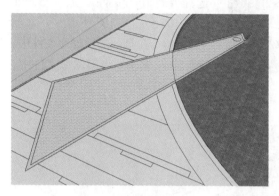

图 8-98　创建探水平面

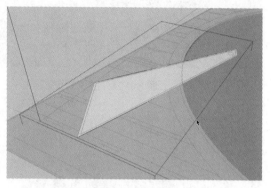

图 8-99　创建群组

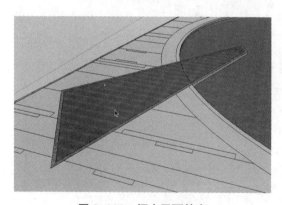

图 8-100　探水平面基座

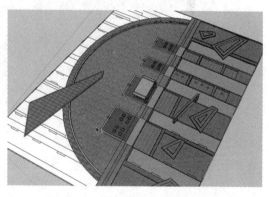

图 8-101　创建环路平面并赋予材质

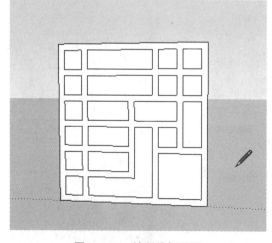

图 8-102　绘制线框平面

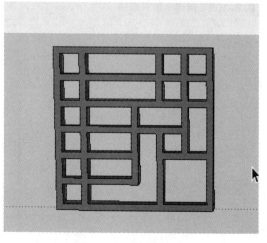

图 8-103　推拉出边框

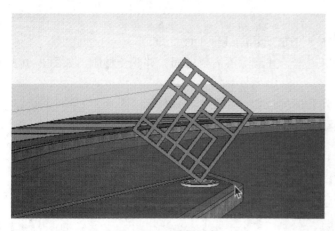

图 8-104 放置对象

工具，推拉出绿篱，如图 8-105 所示。

（39）执行【窗口】→【组件】命令，打开【组件】对话框，选择【打开创建本地集合】命令，在弹出的【浏览文件夹】对话框中选择要打开的组件库文件夹，如图 8-106 至图 8-108 所示。

（40）在打开的组件库文件中，选择组件拖动到当前图像文件中，如图 8-109 所示。

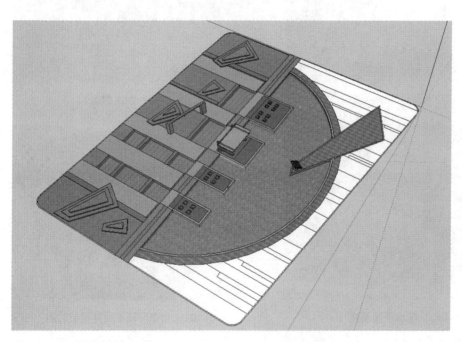

图 8-105 创建地形、绿篱

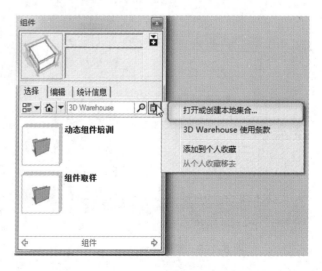

图 8-106 【组件】面板

图 8-107　打开组件库

图 8-108　选择组件文件

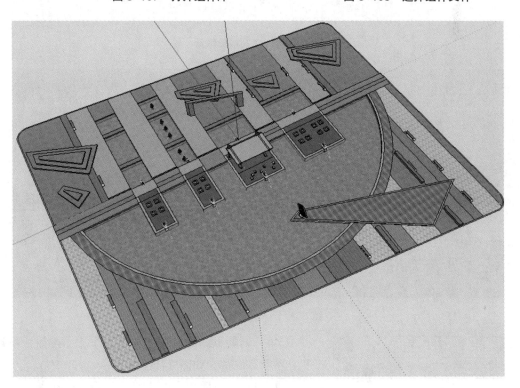

图 8-109　放置组件

（41）同理插入植物组件，如图 8-110 所示。

（42）通过视图旋转、平移以及缩放等操作确定观察视角，如图 8-111 所示。

（43）执行【窗口】→【场景】菜单命令，打开【场景】对话框，点击【添加】按钮，新建"场景号 1"，如图 8-112、图 8-113 所示。

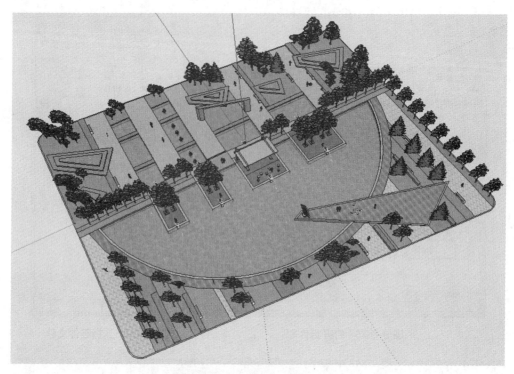

图 8-110　插入植物组件

图 8-111　确定观察视角

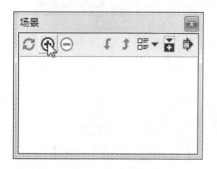

图 8-112　点击【添加】按钮

（44）调整不同的视角，点击【添加】按钮，新建多个场景并保存，如图 8-114 所示。

（45）打开【阴影】控制面板，设置阴影参数，调节阴影方向、明暗等细节，然后取消"在地面上"参数的勾选，显示阴影效果，如图 8-115 所示。

（46）执行【窗口】→【模型信息】菜单命令，打开【模型信息】对话框，选择【动画】选项卡，调整"场景转换"和"场景暂停"，如图 8-116 所示。

图 8-113　创建"场景号 1"

图 8-114　场景多个场景

图 8-114　场景多个场景（续）

图 8-115　场景阴影效果

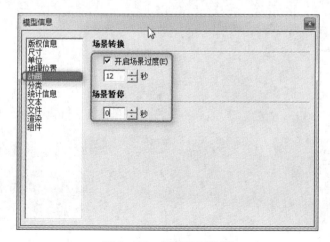

图 8-116　调节动画参数

（47）执行【文件】→【导出】→【动画】→【视频】菜单命令，打开【输出动画】面板，如图 8-117 所示。

（48）单击【输出动画】面板右下角的【选项】按钮，在弹出的【动画导出选项】面板中设置"分辨率"与"帧速率"，并取消"循环至开始场景"复选框的勾选，如图 8-118 所示。

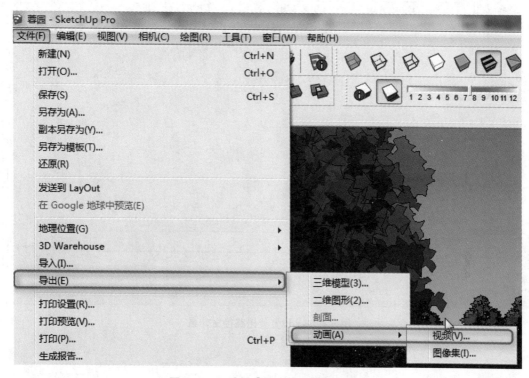

图 8-117　选择【输出动画】菜单命令

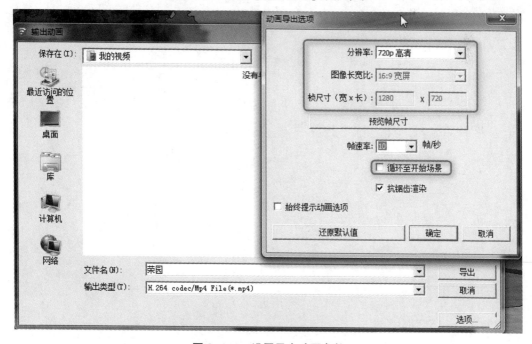

图 8-118　设置导出动画参数

（49）在【输出动画】面板中设置保存路径与文件名，单击【导出】按钮即可进行动画的导出，如图 8-119 所示。动画导出完成后，通过外部播放器即可进行观看。

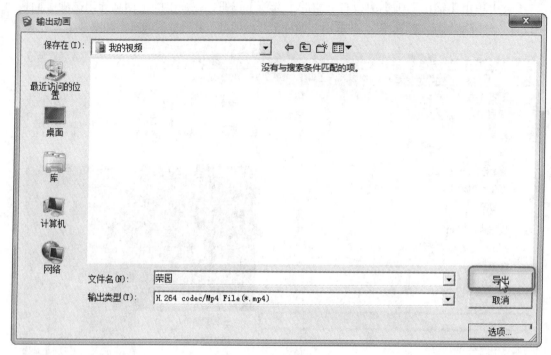

图 8-119　设置导出路径文件名

模块 5

方案文本及设计展板制作

项目 9
方案文本及设计展板制作

【知识目标】

在灵活运用多种设计绘图软件的基础上，完整掌握方案展板及文本制作的具体步骤和操作方法。

【技能目标】

（1）能绘制展板中平面图、效果图、分析图等基本内容。

（2）能整合各图形和文字内容，进行展板整体制作。

（3）能进行设计文本封面、扉页、目录等基本制作。

（4）能进行设计文本基本制作。

任务 *9.1*

园林设计展板制作

园林设计展板制作是将设计内容整合在一大张图纸上的过程。设计展板在方案展示、设计竞赛等场合应用非常广泛，是全面系统展示设计内容最常见、最直接的方法。本例以2014年全国职业院校技能大赛景观设计项目第一名作品为例（图 9-1），讲述设计展板的制作过程。

作品名称：乡愁·忆江南

获得成绩：2014 年全国职业院校技能大赛景观设计项目第一名

作者单位：江苏农林职业技术学院

比赛选手：倪霞，张晓峰

指导老师：章广明

9.1.1 总平面图制作

（1）在白纸上手绘出方案线稿

绘制出主要道路、水体、建筑等方案的主体线条，植物、文字等细部内容在后期通过绘图软件加入，如图 9-2 所示。

图 9-1 获奖设计作品

（2）根据手绘线稿，绘制 AutoCAD 图

如图 9-3 所示，将手绘稿扫描成图片格式，在 AutoCAD 中使用插入菜单的光栅图像命令将图片插进 AutoCAD 中。新建出道路、水体、建筑等图层，在相应图层里描绘出平面图的主体线条。

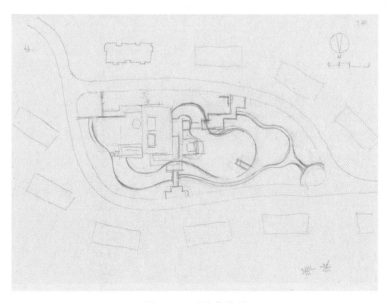

图 9-2 手绘出线稿

（3）虚拟打印

在 AutoCAD【打印】菜单中选择 JPEG 或 PNG 打印机进行虚拟打印，打印结果如图 9-4 所示。

（4）导入 Photoshop

将虚拟打印的平面图导入 Photoshop，设置道路、水体、建筑、文字等图层，如图 9-5

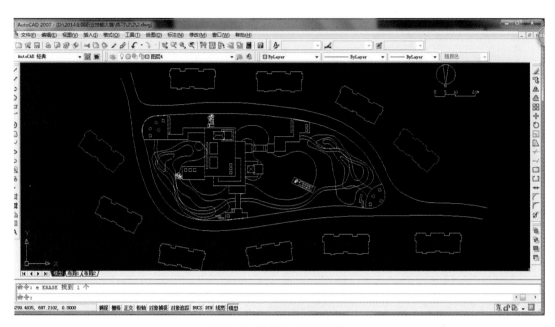

图 9-3　绘制 AutoCAD 图

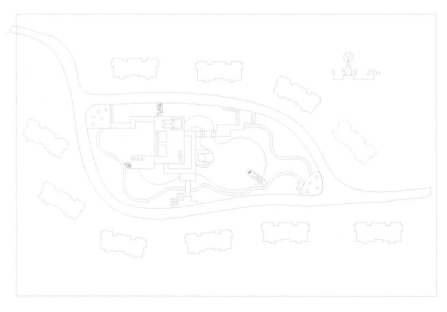

图 9-4　虚拟打印

所示。

（5）填充颜色

在各个相应图层中填充颜色：草地为绿色（加杂色再模糊），水为蓝色（模糊加内阴影），铺装为奶黄色加杂色，道路为灰色。初步显示出方案平面图的基本布局，如图 9-6 所示。

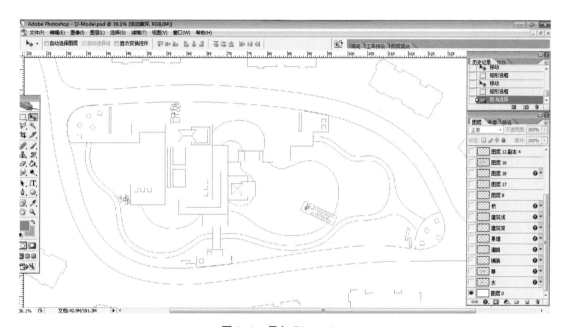

图 9-5　导入 Photoshop

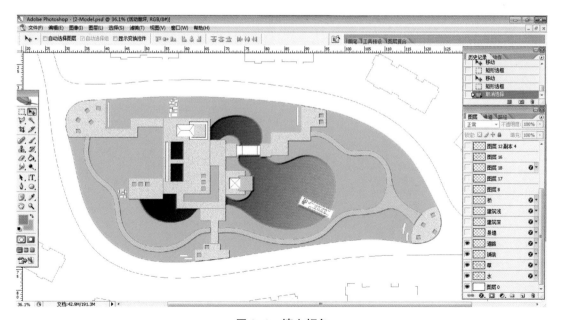

图 9-6　填充颜色

（6）填充建筑小品的颜色

在"建筑"图层填充建筑小品的颜色，注意阴影及建筑深浅的变化，如图 9-7 所示。

（7）添加大乔木

颜色填充后，先添加大乔木，摆放时注意大乔木与道路和建筑的关系，如图 9-8 所示。

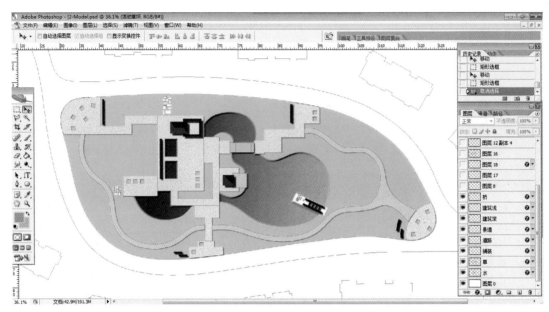

图 9-7　填充建筑小品的颜色

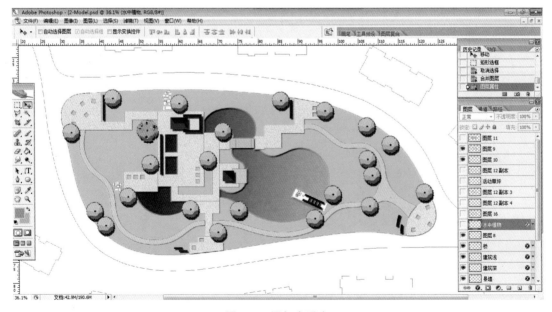

图 9-8　添加大乔木

（8）添加中乔木

在大乔木基础上摆放中乔木，注意其与大乔木的配置关系，如图 9-9 所示。

（9）添加小乔木及水植物

添加其他小乔木和水生植物等，注意各图层的上下关系，如图 9-10 所示。

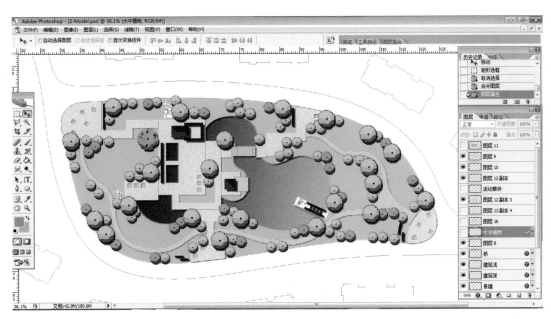

图 9-9　添加中乔木

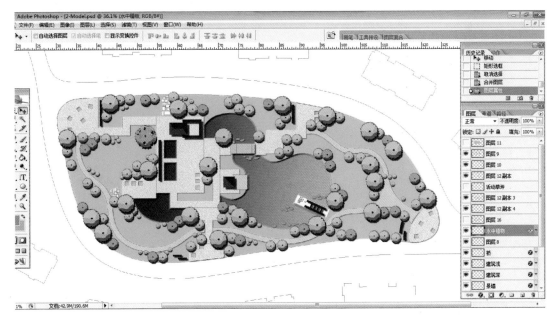

图 9-10　添加小乔木及水生植物

（10）添加底层灌木

添加底层灌木，对大、中、小乔木及灌木调整透明度、图层上下关系、位置等，如图 9-11 所示。

（11）后期调整

在主要景点旁边用文字工具标注相应景点的名称，上一层青色的透明蒙版，完成平面图的制作，如图 9-12 所示。

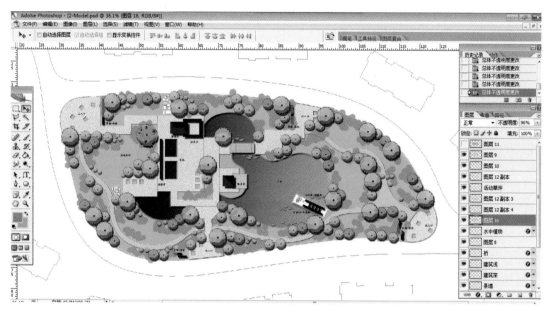

图 9-11　添加底层灌木

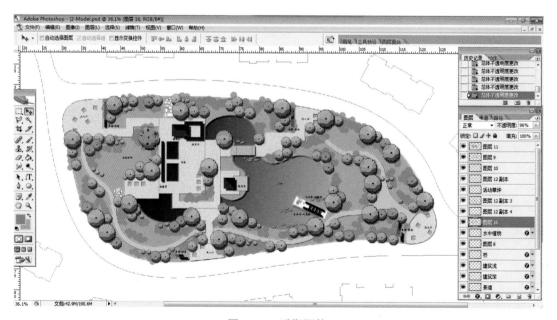

图 9-12　后期调整

9.1.2　建筑小品效果图制作

（1）石拱桥制作

在前视图用线命令画出桥主体轮廓，挤出桥身。复制桥的主体，用顶点命令编辑出桥两旁的护栏，调整出石拱桥。用材质编辑器赋予石材，如图 9-13 所示。

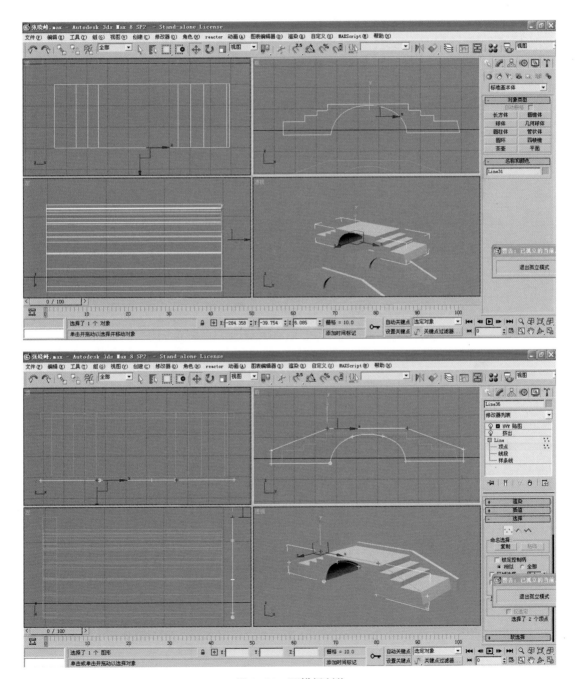

图 9-13　石拱桥制作

（2）乌篷船制作

在顶视图建一个长方体（Box）做船板（宽度分段数为 20），转化为可编辑网格，顶点命令"软选择"使其弯曲。在前视图使用管状体并勾选"切片启用"作出桥身侧面。再利用圆柱体、长方体绘制出船棚、基柱等。用材质编辑器给船身、船篷赋予相应材质。用圆锥命令在顶视图作出伞面，复制一个伞面，用晶格工具作出伞骨架。伞面用材质贴图，再使用 UVW 贴图调到满意的角度，如图 9-14 所示。

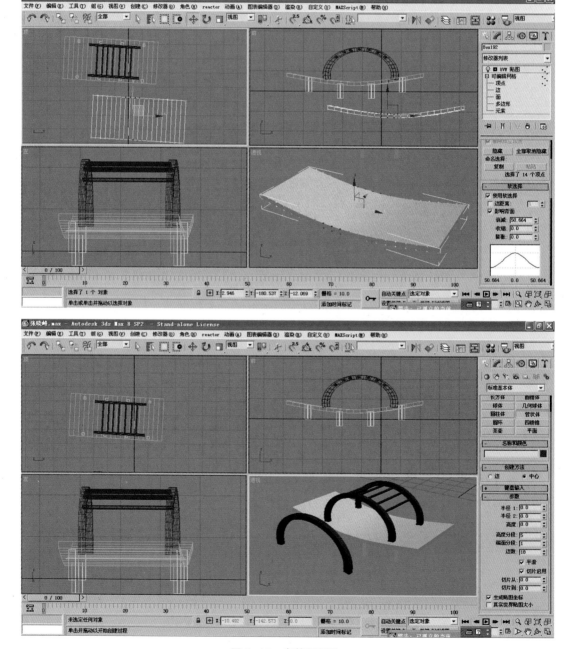

图 9-14　乌篷船制作

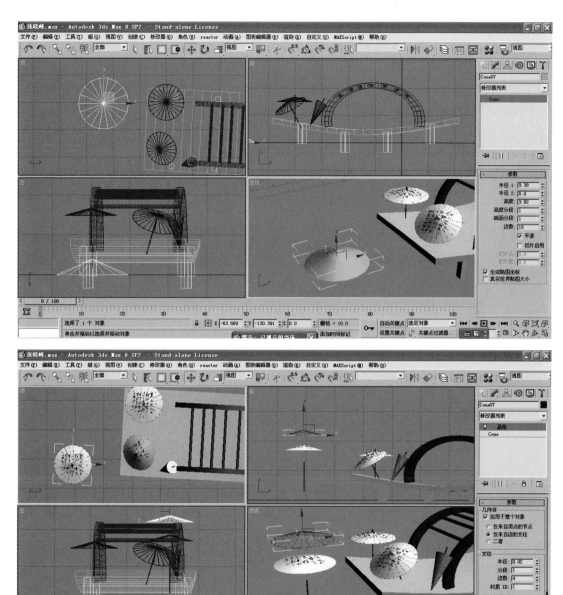

图 9-14　乌篷船制作（续）

（3）主亭制作

用线条命令在左视图画出顶梁轮廓，利用挤出工具挤出顶梁。在顶视图拉出一根长方体，利用可编辑网格修改顶点，勾选"软选择"拉出屋顶弯曲幅度，再复制、镜像，绘制出屋顶。然后从立面绘制墙体的线条，附加之后利用挤出工具挤出墙体，完成主亭制作，如图 9-15 所示。

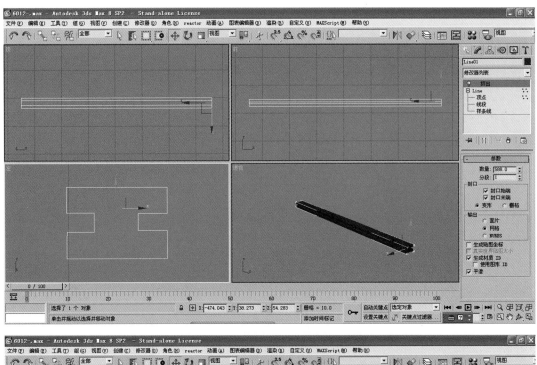

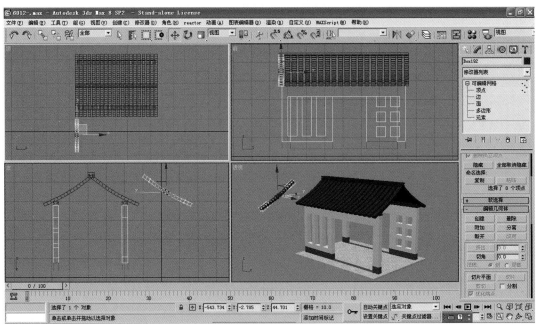

图 9-15　主亭制作

（4）辅助建筑绘制

在顶视图用线画出轮廓，挤出墙体高度，用布尔作出出入口和窗，渲染样条线作出花格窗的效果，完成辅助建筑的绘制，如图 9-16 所示。用类似方法制作景墙等建筑小品。具体分解见图 9-17。

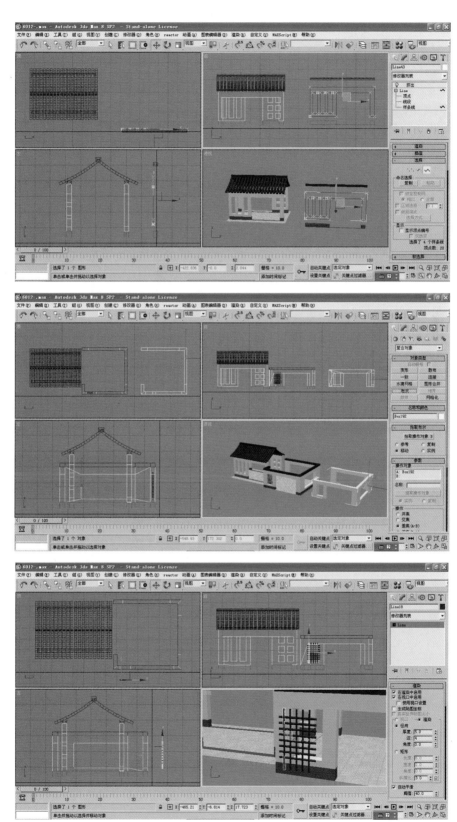

图 9-16　辅助建筑绘制

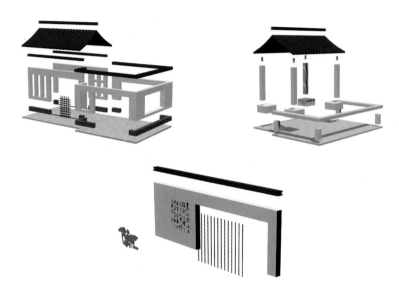

图 9-17 建筑小品分解

9.1.3 整体效果图制作

（1）导入 AutoCAD 图形，挤出地形、水体、建筑等，并复制相关图层（如路与路牙是同一图层，水体与水池边缘是同一图层），如图 9-18 所示。

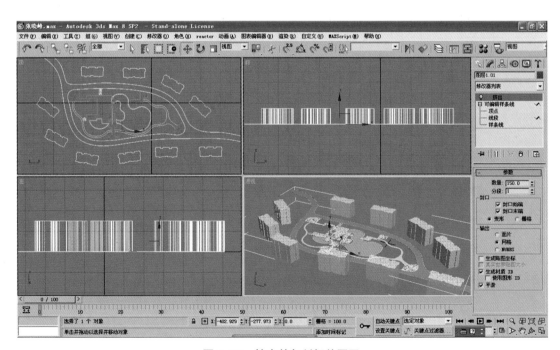

图 9-18 挤出并复制相关图层

（2）把之前建的单体等比例缩放到总地形当中，调整各部分材质，如图 9-19 所示。

（3）加入灯光，如图 9-20 所示。

（4）加入摄像机，选择合适摄像机视图进行渲染，如图 9-21 所示。

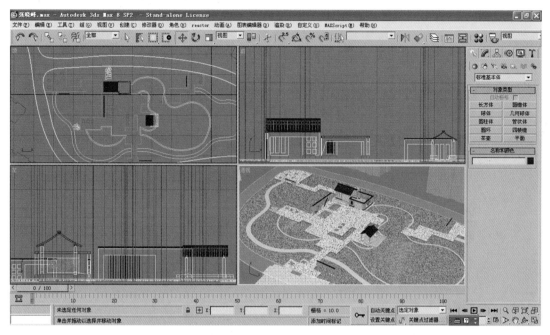

图 9-19 单体缩放到总地形中

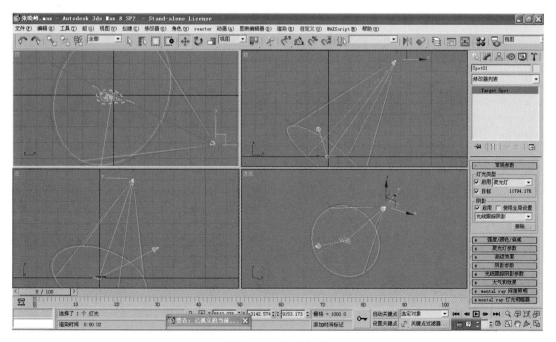

图 9-20 加入灯光

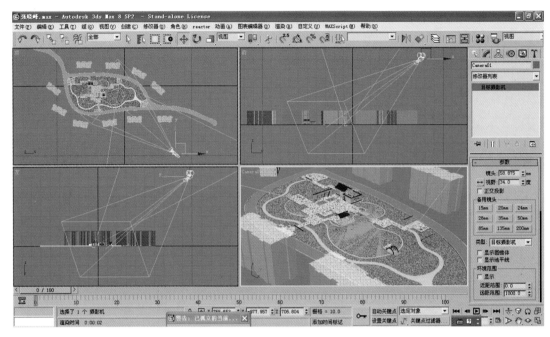

图 9-21　加入摄像机

9.1.4　效果图后期处理

（1）建筑效果图后期处理

在 3ds Max 中选择合适的建筑角度进行渲染，导出图片格式。在 Photoshop 中打开渲染的建筑效果图初稿，铺上草坪和天空，种植相应的植物。完成建筑效果，如图 9-22 所示。

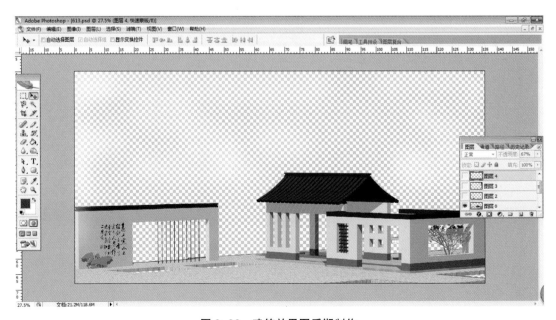

图 9-22　建筑效果图后期制作

图 9-22 建筑效果图后期制作（续）

（2）鸟瞰图后期处理

从 3ds Max 中渲染出相应模型，使用剪切蒙版铺上草地和水体并调色，放置石头、灌木球，放置乔木，注意乔灌草合理搭配和层次关系。最后做整体的调整，保存为图片格式文件，如图 9-23 所示。

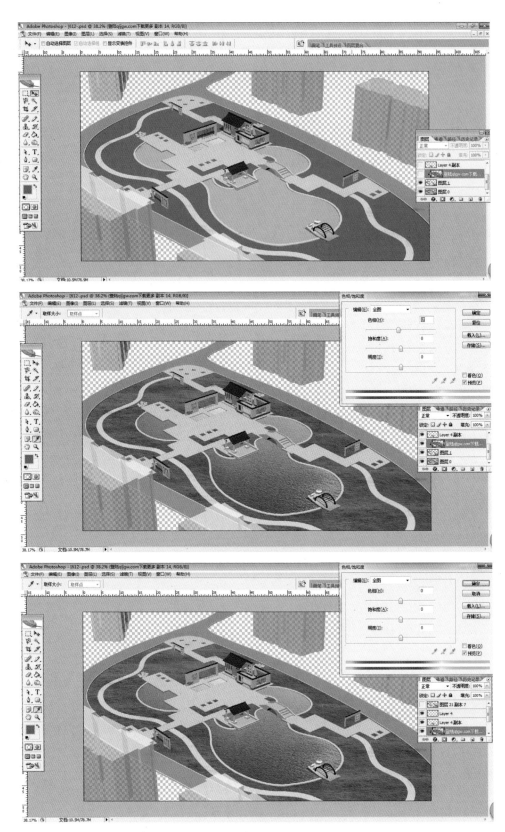

图 9-23　鸟瞰图后期处理

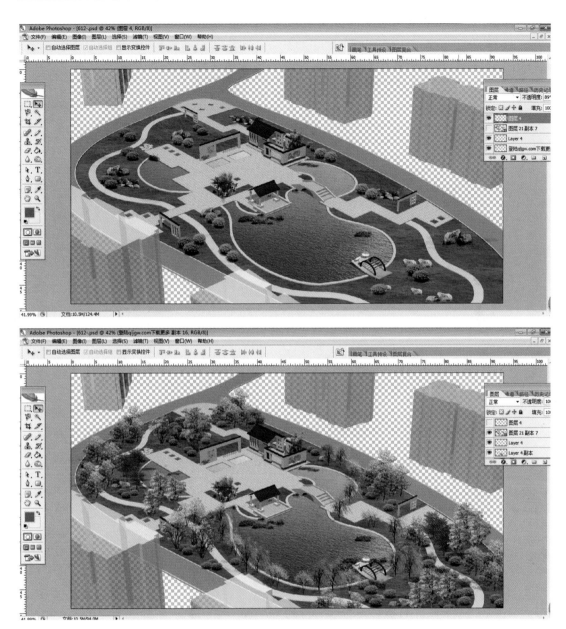

图 9-23　鸟瞰图后期处理（续）

9.1.5　后期设计展板制作

（1）新建 A1 大小的纸张，添加标尺（蓝色的线），利用标尺确定展板主要内容的位置、大小及距离，如图 9-24 所示。

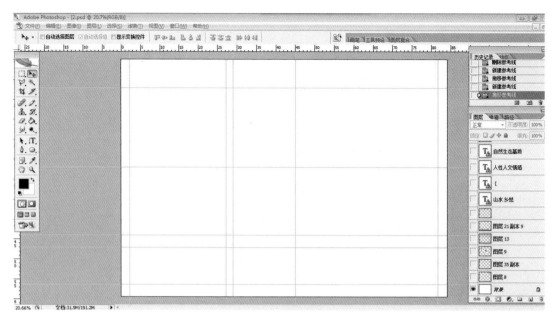

图 9-24 新建图纸

（2）利用已放置的标尺，将最主要的一张平面图（图 9-25）及两张主要效果图（图 9-26、图 9-27）放在准确位置，如图 9-28 所示。

图 9-25 总平面图

图 9-26　主景效果图

图 9-27　鸟瞰图

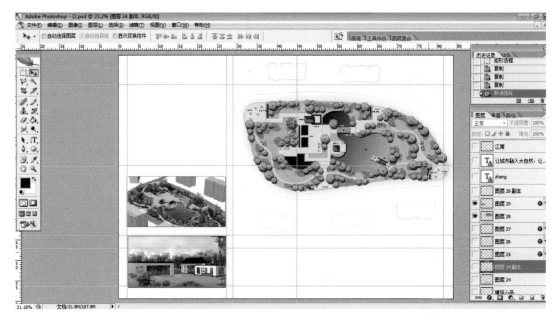

图 9-28　平面图排版

图 9-29　设计源起

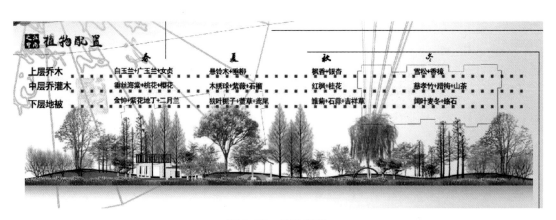

图 9-30　植物配置

（3）根据蓝色标尺加入设计源起（图 9-29）及植物配置（图 9-30），并绘制红色线条（图 9-31）。

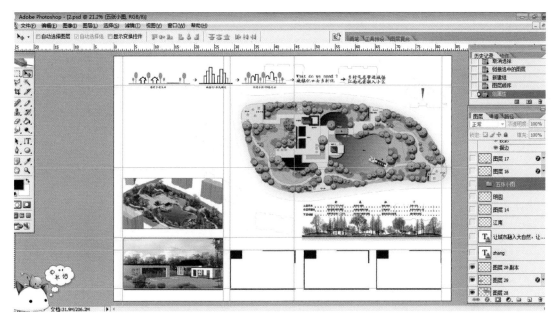

图 9-31　绘制红色线条

（4）根据标尺确定其他小图位置并绘制或者导入，如图 9-32 所示。

（5）绘制出 logo 等细部图形（图 9-33），添加文字、主题、设计说明、小标题及其他文字，如图 9-34 所示。

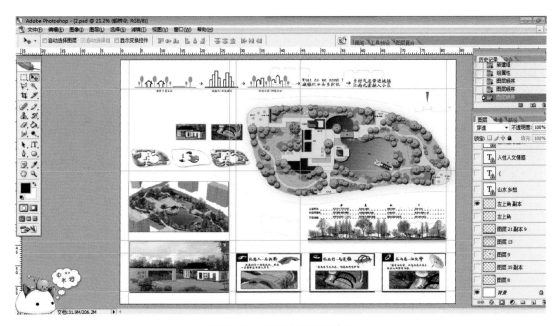

图 9-32　绘制或导入其他图

点题的 logo　　　　　　设计说明　　　　　　小诗

概念分析

一句话点主题

图 9-33　绘制其他图形

图 9-34　添加其他图形

（6）添加背景图，以增加展板饱满度，如图 9-35 所示。

（7）用青色画笔晕染上下，以显示江南韵味，保存图片，完成设计展板，如图 9-36 所示。

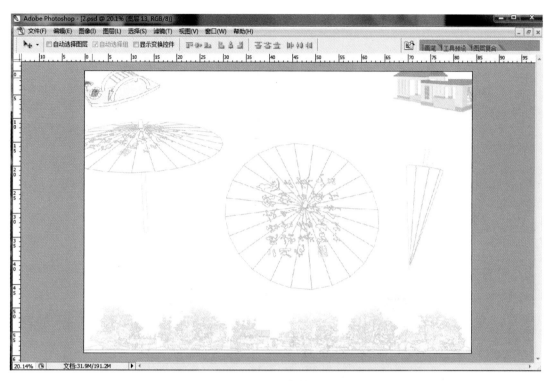

图 9-35　背景图

图 9-36　完成图

任务 *9.2*

园林设计方案文本制作

文本是景观设计成果的最终表现手段之一，方案设计、施工设计等设计成果一般都要以文本形式递交甲方。文本的制作一般包括封面、扉页、参与人员介绍、目录、正文5个部分，主要的操作工具一般来说有 PowerPoint、Photoshop、CorelDRAW 等软件。

9.2.1 封面制作

封面主要包含项目名称、设计单位、设计时间等信息，制作风格可以多样化。可以放置些有代表性的照片或设计图，给人深刻的印象。也可以不用图片，以简洁的线条、文字等制作封面。封面要注意一定的构图方法、色调运用、字体选择等。图9-37、图9-38为封面方案。

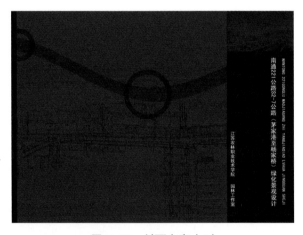

图 9-37 封面方案（1）

图 9-38 封面方案（2）

9.2.2　扉页制作

扉页是封面和文本内容过渡的一页，可以用小诗、绘画等简洁表现，目的是更能增添文本的正式性、美观性。一般用硫酸纸进行打印，所以制作需要简洁清淡。图 9–39 和图 9–40 为扉页方案。

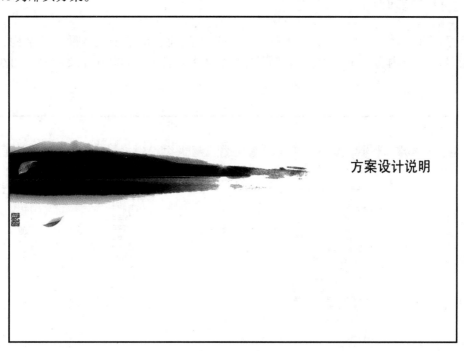

方案设计说明

图 9–39　扉页方案（1）

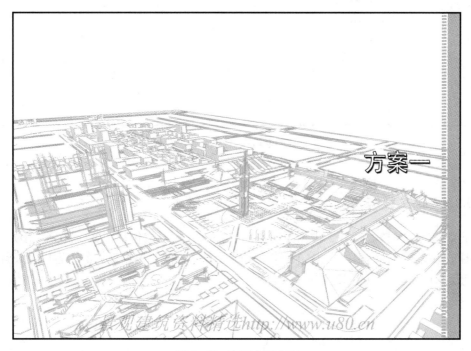

方案一

图 9–40　扉页方案（2）

9.2.3　参加项目人员制作

参加项目人员的介绍强调了设计者的责任，同时也是肯定设计者的劳动成果的形式，需要如实介绍。没有具体的设计格式，但需要根据文本的整个设计风格来确定。

9.2.4　目录制作

目录制作（图9-41）是为了方便读者一目了然地看懂整个文本设计的结构，把握文本设计的主要内容，迅速地找到需要了解的内容。该部分的制作是文本必不可少的一部分。

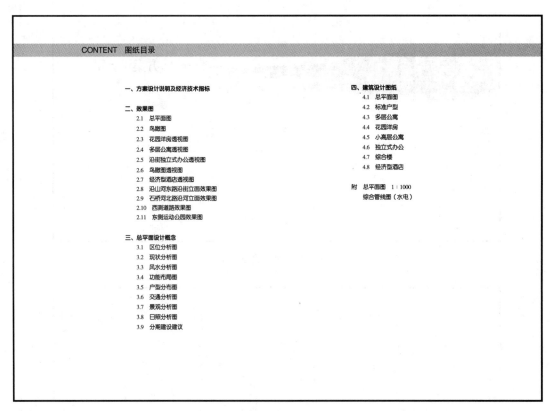

图9-41　目录制作

9.2.5　正文制作

正文是文本的核心部分，占据了文本的主要篇幅。正文包括了文字部分、图片部分，或是图文并茂相结合的表达方式。具体采用哪种方式，需要根据设计的内容以及设计者的整体构思来确定。如图9-42至图9-46所示。

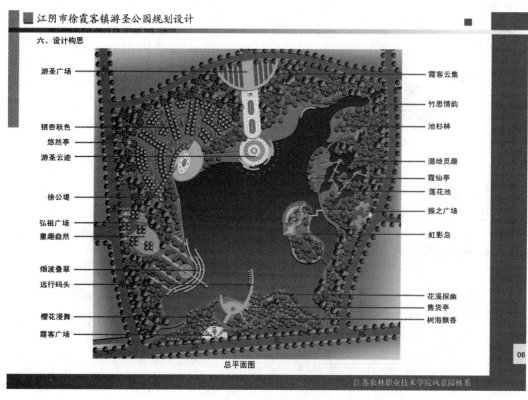

图 9-42　正文制作（1）

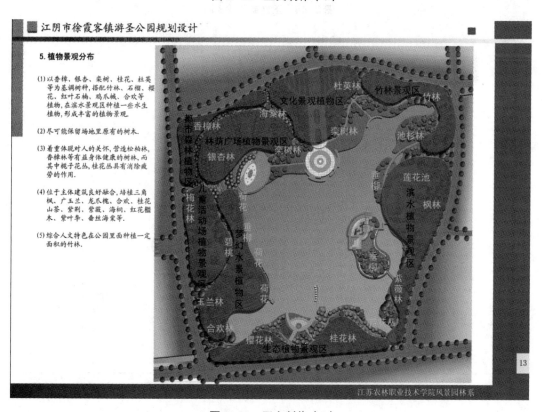

图 9-43　正文制作（2）

3.1 区位分析图

真州，地处长江三角洲顶端，东临扬州，南濒长江，与镇江隔江相景，西近南京，是仪征市城关镇，被列为南京都市的核心层和宁扬城市带中重要的卫星城市与节点城市。真州镇交通便利，从仪征至南京只需1小时车程、至上海约2.5小时车程、至北京约8小时车程。

本项目位于真州镇以北，用地东临石桥河北路，南面为沿山河东路，西临红叶新村，北面为汇众公司，用地现状基本为农民宅基地，地势平缓。

地块周边地图

地块卫星图

	THE CONCEPTION DESIGN OF EAST OLYMPIC GARDEN-万博奥林匹克花园规划建筑设计方案	三 总平面设计概念	2007-12
HEAVEN GARDEN 香港海文思想国际设计机构	Client: Jiangsu Wangbo Co.,Ltd 开发商: 江苏万博集团有限公司		3.1 区位分析图

图 9-44 正文制作（3）

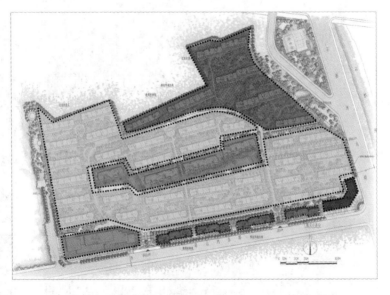

3.4 功能分区

本方案将具有商业、会所、物管功能的综合楼布置于地块西南角，商业面向沿山河东路，商业包括大卖场及商铺两种形式；基地东南角布置经济型酒店，也可作为酒吧、餐馆及其他商业用途来使用。基地南面沿山河东路布置了独立式小型办公楼，小区东北区块布置小高层公寓。

- 多层住宅
- 花园洋房
- 综合楼
- 小高层
- 经济型酒店
- 经济型酒店

	THE CONCEPTION DESIGN OF EAST OLYMPIC GARDEN-万博奥林匹克花园规划建筑设计方案	三 总平面设计概念	2007-12
HEAVEN GARDEN 香港海文思想国际设计机构	Client: Jiangsu Wangbo Co.,Ltd 开发商: 江苏万博集团有限公司		3.4 功能分析图

图 9-45 正文制作（4）

徐州生物工程高等职业学校现代农业科技园景观规划设计

铺地材料设计

1）与建筑装饰材料协调，表现材料质感美

景观铺地材料以各类石材和混凝土砖为主，强调各类景观材料的质感对比，以质感粗糙、坚固、浑厚者为主要选择种类。

2）图案文样的多样化

在景观营建中，铺装的地面以它多种多样的形态、纹样来衬托和美化环境，增加园林的景色。纹样起着装饰路面的作用，而铺地纹样因场所的不同又有各变化。因此，在进行各个庭院的铺地设计时，通过材料色彩、尺度和材质对比表达图案的多样化，来达到增强地面设计的效果

3）合理的铺地尺度

路面切块的大小，拼缝的设计，色彩和质感等，都与场地的尺度有密切的关系。设计时大场地的质地可粗些，纹样不宜过细。而小场地则质感避免过粗，纹样设计往细处考虑。

图9-46 正文制作（5）

参 考 文 献

1. 章广明，袁明霞．2010．园林计算机综合［M］．北京：中国农业出版社．

2. 赵芸．2014．园林计算机辅助设计［M］．2版．北京：中国建筑工业出版社．

3. 张晓红，李燕．2014．计算机辅助园林设计——AutoCAD+3ds Max+Photoshop［M］．北京：中国水利水电出版社．

4. 常会宁．2005．园林计算机辅助设计［M］．北京：高等教育出版社．

5. 王玲．2008．AutoCAD 2008中文版园林设计全攻略［M］．北京：电子工业出版社．

6. 周欣．2005．3ds max7中文版建筑效果图100例［M］．北京：人民邮电出版社．

7. 高志清．2006．3ds max现代园林景观艺术设计［M］．北京：机械工业出版社．

8. 黄心渊．2005．3ds max园林表现教程［M］．北京：科学出版社．

9. 严军，杨毅强．2005．计算机辅助园林设计［M］．南京：东南大学出版社．

10. 邢黎峰．2007．园林计算机辅助设计教程［M］．2版．北京：机械工业出版社．

11. 骆天庆．2008．计算机辅助园林设计［M］．北京：中国建筑工业出版社．

12. 杨学成，杨学成．2003．计算机辅助园林设计［M］．南京：东南大学出版社．

13. 黄心渊，翟海娟．2006．计算机园林景观表现应用教程［M］．北京：科学出版社．

14. 徐鹏．2008．SketchUp园林景观草图设计基础与实例详解［M］．北京：电子工业出版社．

15. 刘嘉，叶楠，史晓松．2007．SketchUp草图大师：园林景观设计［M］．北京：中国电力出版社．

16. 万磊．2006．SketchUp 5草图大师基础与实例教程［M］．北京：中国水利水电出版社．